21世纪全国高职高专建筑设计专业技能型规划教材

U0266121

# 3ds Max效果图制作

主　编　刘　晗　张　峰
副主编　李　松　邱　杨　董　倩
参　编　李　玲　康　薇　司马金桃
主　审　黄冠华

北京大学出版社

PEKING UNIVERSITY PRESS

# 内 容 简 介

本书反映了室内设计效果图制作的常用方法，结合多个不同风格和样式的建筑装饰效果图，并参照行业企业最新的技术，系统地阐述了室内效果图制作的完整工作流程。主要包括：餐厅效果图制作、卧室效果图制作、卫生间效果图制作、会客厅效果图制作和简约儿童房效果图制作。

本书采用全新体例编写，以实际的任务驱动教学。在详细讲解实例制作的过程中，还增加了知识链接、特别提示、章节小节等模块。此外每章还附有实训题提供给读者独立完成，以熟练掌握制作流程。通过对本书的学习，读者可以掌握室内模型的多种制作技能、各种材质的制作技能、VRay灯光设置技能以及VRay渲染设置出图技能，具备独立完成室内效果图制作的能力。

本书可作为高职高专院校建筑装饰工程类相关专业的教材和指导书。

**图书在版编目(CIP)数据**

3ds Max效果图制作/刘晗，张峰主编. —北京：北京大学出版社，2013.7

（21世纪全国高职高专建筑设计专业技能型规划教材）

ISBN 978-7-301-22870-8

I. ①3··· Ⅱ.①刘···②张··· Ⅲ.①室内装饰设计—计算机辅助设计—三维动画软件—高等职业教育—教材 Ⅳ.①TP238-39

中国版本图书馆CIP数据核字(2013)第162552号

| | |
|---|---|
| 书　　　　　名： | 3ds Max效果图制作 |
| 著作责任者： | 刘　晗　张　峰　主编 |
| 策划编辑： | 赖　青　王红樱 |
| 责任编辑： | 王红樱 |
| 标准书号： | ISBN 978-7-301-22870-8/TU · 0347 |
| 出版发行： | 北京大学出版社 |
| 地　　　　　址： | 北京市海淀区成府路 205 号 100871 |
| 网　　　　　址： | http://www.pup.cn　新浪官方微博：@北京大学出版社 |
| 电子信箱： | pup_6@163.com |
| 电　　　　　话： | 邮购部 62752015　发行部 62750672　编辑部 62750667　出版部 62754962 |
| 印　刷　者： | 北京大学印刷厂 |
| 经　销　者： | 新华书店 |
| | 787mm×1092mm　16开本　10印张　231千字 |
| | 2013 年 7 月第 1 版　2013 年 7 月第 1 次印刷 |
| 定　　　　　价： | 45.00元 |

# 前　言

本书为北京大学出版社"21世纪全国高职高专建筑设计专业技能型规划教材"之一。为适应21世纪职业技术教育发展需要，培养建筑装饰行业具备室内效果图制作能力的应用型人才，我们结合当前室内效果图制作的常用技术方法编写了本书。

主要包括：餐厅效果图制作、卧室效果图制作、卫生间效果图制作、会客厅效果图制作和简约儿童房效果图制作。

本书内容可按照60~80学时安排，推荐学时分配：第1章8~12学时，第2章12~18学时，第3章14~18学时，第4章14~18学时，第5章12~14学时。教师可根据不同的使用专业灵活安排学时，课堂重点讲解有每章主要知识模块，章节中的提示链接有相应的知识点，而实训题模块可安排学生课后练习。

本书由湖北城市建设职业技术学院刘晗、张峰担任主编，湖北城市建设职业技术学院李松、邱杨、董倩担任副主编，全书由湖北城市建设职业技术学院刘晗、张峰负责统稿。本书具体章节编写分工为：刘晗、邱杨共同编写第1章和第2章；李松、刘晗共同编写第3章和第4章；董倩编写第5章；李玲、司马金桃、恩施州交通技工学校的康薇也参与了本书的编写工作，并为本书提供了丰富的素材。湖北城市建设职业技术学院黄冠华老师对本书进行了审读，并提出了很多宝贵意见。同时，黄巍、梁成军、薛维超、邓东华为本书提供了丰富的素材，在此一并表示感谢！

本书在编写过程中，参考和引用了国内外大量文献资料，在此谨向原书作者表示衷心感谢。由于篇幅有限，本书难免存在不足和疏漏之处，敬请各位读者批评指正。

编　者
2013年5月

# 目　录

第 **1** 章

# 餐厅效果图制作

**教学目标**

　　本章要制作的是餐厅的效果图，通过效果图的制作学习各种常用修改器的使用、VRay玻璃材质和镜面材质的制作以及VRay灯光设置及渲染设置方法，重点掌握室内模型的制作方法以及VRay材质制作及灯光渲染，通过案例制作来熟练运用，最终达到能够独立制作室内效果图的能力和要求。

**教学要求**

| 能力目标 | 知识要点 | 权重 | 自测分数 |
|---|---|---|---|
| 了解基本模型的创建 | 创建基本几何体和图形的方法、参数及修改 | 10% | |
| 掌握常用修改器创建模型 | 常用挤出编辑网格修改器的使用方法、参数及修改 | 30% | |
| 掌握材质设置方法 | 材质的设置方法及各种参数的修改 | 20% | |
| 掌握灯光及渲染 | 布光原则及渲染参数设置 | 20% | |
| 能够熟练制作相关模型 | 利用多种建模方法创建模型 | 20% | |

【章前导读】

首先看效果图，如图1.1所示。

图1.1 餐厅效果图

　　这是用3ds Max软件及VRay插件制作的一张餐厅效果图。我们从这张比较简单的图片入手，开始学习如何在3ds Max中制作一张符合要求的效果图，从模型制作到灯光设置及渲染的整个流程。本章的重点在场景模型的制作，由于篇幅有限，部分家具模型从外部导入，在以后的效果图制作过程中，同学们也可以从外部模型库中导入相关模型，从而提高建模的速度。接下来看看这张效果图的制作流程，如图1.2所示。3ds Max中所有效果图的制作都是按照这个流程来进行。

（a）餐厅模型制作

（b）餐厅材质制作

（c）餐厅灯光设置

（d）餐厅渲染设置并出图

图1.2 范例制作流程

## 1.1　餐厅模型制作

模型制作从墙体开始，再到内部构件，最后是各种家具和细节的制作。

### 1. 墙面模型制作

（1）打开 3ds Max2010 软件，在创建面板 ◈ 中几何体 ◉ 选择平面命令，在顶视图中绘制一个长 3300mm，宽 3000mm 的平面，作为地面模型，如图 1.3 所示。

图 1.3　绘制地面

（2）在创建面板 ◈ 的图形 ◔ 中选择样条线中的"线"命令，在顶视图中捕捉平面边缘绘制 U 型线框，然后在修改面板 ◿ 中修改器列表里找到"挤出"命令，设置"挤出"命令的数量值为 2800mm，作为墙面模型，将地面模型复制至顶端作为天花板，如图 1.4 所示。

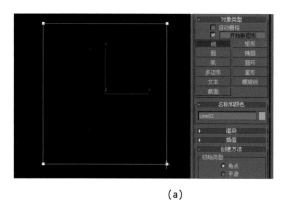

（a）

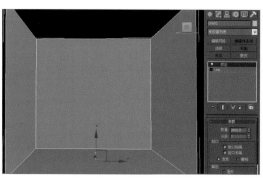

（b）

图 1.4　绘制墙面模型

## 2．门窗模型制作

（1）在创建面板 的图形 中选择样条线中的"矩形"命令，在前视图中绘制窗口轮廓线，然后选择墙面，在创建面板 的下拉列表里选择复合对象，单击下面的图形合并，单击拾取图形 拾取图形 按钮，然后单击"矩形"，得到效果如图 1.5 所示。

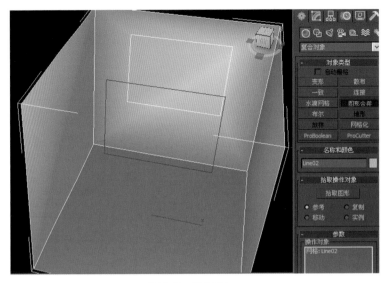

图 1.5　绘制窗口

（2）选择墙体模型，并在修改面板 中为其增加"编辑网格"命令，在堆栈器中选择多边形次物体层级，选择窗口"多边形"，单击"挤出"命令，设置其数量值为 −200mm，如图 1.6 所示。

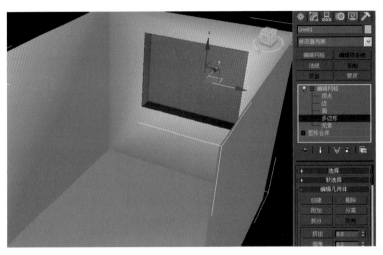

图 1.6　生成窗口模型

（3）切换视图至左视图，用制作窗口的方法将门制作出来，效果如图 1.7 所示。

图 1.7    生成门洞模型

（4）在创建面板 🔧 的图形 🔲 中选择样条线中的"矩形"命令，在前视图中绘制窗框的立面图，然后将它们附加在一起，单击"挤出"命令，制作窗框模型。用同样的方法制作推拉门模型，并在门内绘制一个长方体作为玻璃模型。在堆栈器中进入多边形次物体层级，选择窗口"面"，将其删除。效果如图 1.8 所示。

图 1.8    制作门窗模型

## 3．室内细部装饰构件制作

（1）吊顶模型制作。在创建面板 🔧 的图形 🔲 中选择扩展样条线中的通道命令，在顶视图中绘制一个 U 型线框，对其执行编辑样条线命令，进入堆栈器中的点次物体层级，选择内角两个顶点，将它们进行圆角处理，得到吊顶轮廓图形，如图 1.9 所示。

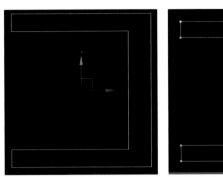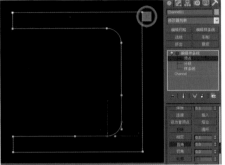

图 1.9　绘制吊棚轮廓

　　然后对吊顶轮廓图形执行"挤出"成型命令，生成三维模型。用同样的方法制作一个稍大的吊顶模型叠加在上面。效果如图 1.10 所示。

图 1.10　生成吊顶模型

　　在创建面板中几何体选择长方体命令，在吊顶左侧绘制一个长方体模型，如图 1.11 所示。

图 1.11　吊顶模型效果

（2）酒柜模型制作。使用创建面板里的"长方体"命令，绘制一个长 900mm，宽 2000mm，高 320mm 的长方体，通过"编辑多边形"命令里的"挤出"操作，将其制作为酒柜底柜柜体。效果如图 1.12 所示。

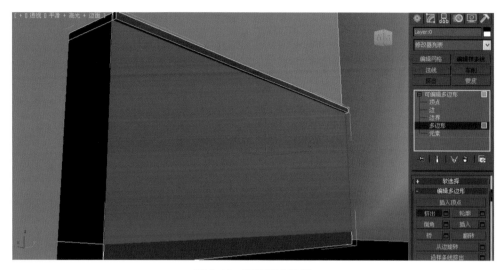

图 1.12  酒柜底柜柜体

绘制一个长方体模型用于制作柜门，将其转换为"可编辑多边形"，通过挤出命令制作门上的凹槽花纹，然后复制三个。效果如图 1.13 所示。

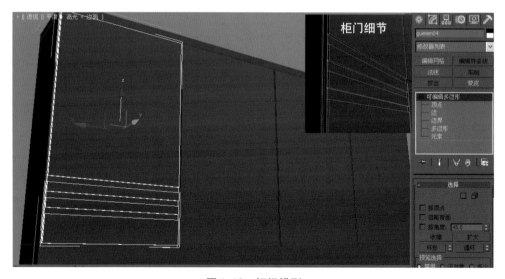

图 1.13  柜门模型

使用同样的方法制作出两边的立柜，然后使用长方体绘制酒柜顶部。效果如图 1.14 所示。

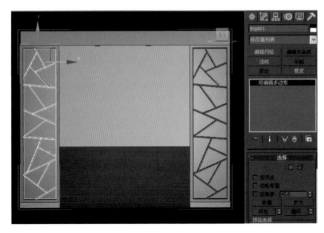

图 1.14　制作酒柜模型

在创建面板中几何体选择"管状体"命令，绘制一个半径 1 为 35mm，半径 2 为 30mm，高为 10mm 的管状体模拟筒灯的金属边；然后绘制一个半径为 30mm，高为 9mm 的圆柱体模拟筒灯，如图 1.15 所示。

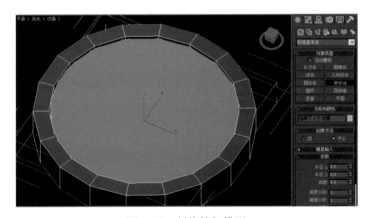

图 1.15　制作筒灯模型

将作好的筒灯模型复制一个，放在酒柜顶部，如图 1.16 所示。

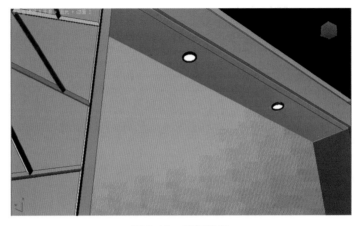

图 1.16　筒灯位置

（3）合并餐桌模型及酒柜上的酒杯、酒瓶等模型。单击左上侧的3d图标⑤，打开菜单，单击"导入"和"合并"命令。效果如图1.17所示。

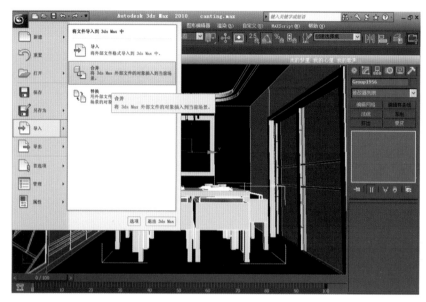

**图 1.17　合并命令的位置**

通过上面的操作，打开合并文件窗口，找到存放外部模型的文件路径，单击需要合并的文件名称，将已有的模型合并到场景中，如图1.18所示。

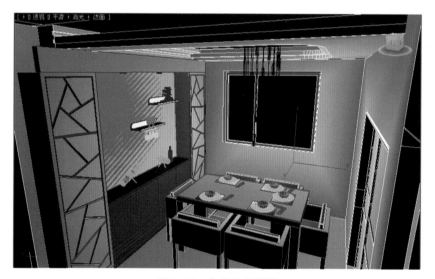

**图 1.18　合并外部模型**

---

　　**提示**

　　合并命令可以将外部模型合并到场景中，节约了很多建模的时间，所以为了加快我们的建模速度，平时学习要注意搜集相关素材。

　　（4）餐厅的模型制作完成后，为了有一个好的观察角度，我们可以创建一个摄影机，用它来模拟我们的视角。在创建面板  的摄影机 中选择"目标摄影机"命令，为场景设置摄影机。并且将视图调整为摄影机视图，在主工具栏中单击"快速渲染" 按钮，渲染制作完成的效果如图 1.19 所示。

图 1.19　餐厅模型效果

**提示**

　　在视图中创建摄影机后，按键盘"C"键可以切换至摄影机视图。如果在透视图中调整好了视角，也可以在此视图中，按下键盘的"Ctrl+C"组合键对为当前视图创建一个摄影机。

## 1.2　材质制作

### 1. 墙体、地面材质制作

　　（1）按下"M"键，调出材质编辑器。在材质编辑器中选择一个空白材质球并使用 VRayMtl 材质类型，然后将材质指定给地面模型，如图 1.20 所示。

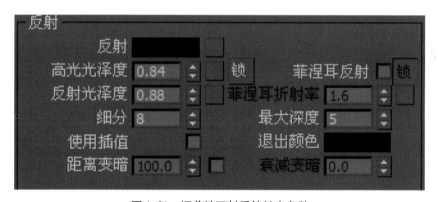

图 1.20　设置 VRayMtl 材质的方法

**提示**

> VRay 材质在渲染菜单中将系统指定渲染器设置为 Vray 渲染器后才能使用。

在基本参数卷展栏中，对反射组参数进行设置。解开高光光泽度锁定，设置"高光光泽度"为"0.84"，"反射光泽度"为"0.88"，如图 1.21 所示。

图 1.21　调节地面材质的基本参数

调节漫反射颜色指定一个地砖的纹理贴图"方块地砖 .jpg"，然后将贴图以实例方式复制到凹凸贴图中，让材质产生凹凸效果，如图 1.22 所示。

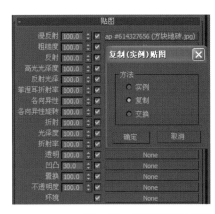
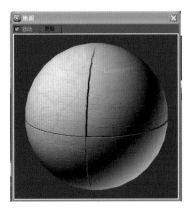

**图 1.22　设置地面材质的漫反射贴图和凹凸贴图**

单击反射贴图后的"None"按钮，为其指定一个衰减贴图。在衰减参数中设置前侧颜色分别是黑色和蓝色，衰减类型改为"Fresnel"类型，如图 1.23 所示。

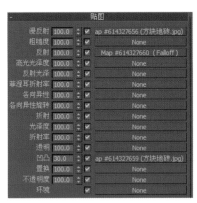

**图 1.23　设置地面材质的衰减贴图**

单击材质编辑器工具栏上的"在视口中显示标准贴图" ，让地面材质在视口中显示。效果如图 1.24 所示。

**图 1.24　地面材质效果**

（2）在材质编辑器中选择一个空白材质球并使用 VRayMtl 材质类型，然后将其指定给墙面模型。调节"漫反射"颜色为"白色"，"高光光泽度"为"0.55"，"反射光泽度"为"0.65"，如图 1.25 所示。

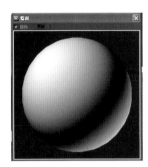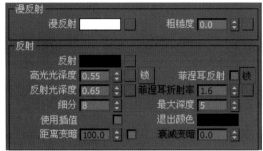

**图 1.25　调节墙面材质的基本参数**

在选项卷展栏中取消选择"跟踪反射"和"雾系统单位缩放"。在贴图卷展栏中为凹凸贴图指定噪波贴图，并调节"凹凸"数值为"30"，如图 1.26 所示。

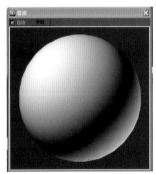

**图 1.26　调节墙面材质的选项及贴图参数**

将调节好的材质继续指定给门框、吊顶等模型。效果如图 1.27 所示。

**图 1.27　墙面材质效果**

### 2．玻璃材质制作

（1）选择空白材质球并使用 VRayMtl 材质类型，将其指定给推拉门的玻璃模型。调节"漫反射"颜色为"白色"，设置"高光光泽度"为"0.9"，"反射光泽度"为"0.95"，"折射"颜色为"浅灰色"，"光泽度"为"0.9"，并勾选"影响阴影"选项，如图 1.28 所示。

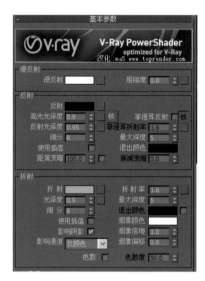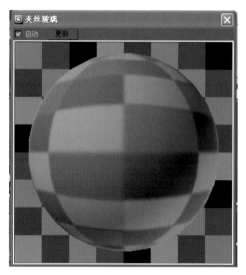

图 1.28　调节门玻璃材质的基本参数

取消选项卷展栏中的"雾系统单位缩放选项"，在贴图卷展栏中为反射指定一个衰减贴图，设置"衰减参数"前、侧颜色分别为"黑色"和"白色"，"衰减类型"为"Fresnel"，如图 1.29 所示。

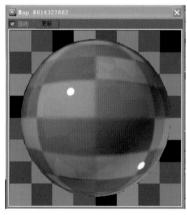

图 1.29　门玻璃材质

（2）在窗外绘制一个弧形，将其转化成可编辑样条线后挤出 3000mm，用来模拟窗外的景色，如图 1.30 所示。

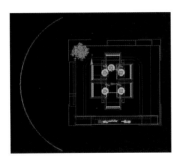

图 1.30　制作窗玻璃模型

　　选择空白材质球并使用"发光材质"类型，将其指定给弧形。在颜色上为其指定贴图"外景 .jpg"。为了使贴图更加真实，在修改面板里为其增加 UVW 贴图修改器，并调节其贴图方式为"长方体"，如图 1.31 所示。

图 1.31　制作窗玻璃材质

调节好玻璃材质后渲染效果如图 1.32 所示

图 1.32　玻璃材质效果

### 3．酒柜材质制作

（1）选择空白材质球并使用VRayMtl材质类型，将其指定给酒柜柜体模型。调节"漫反射"颜色为"白色"，"反射"颜色为"深灰色"，"高光光泽度"为"0.88"，"反射光泽度"为"0.9"，如图1.33所示。

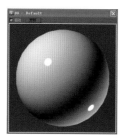

**图1.33　调节酒柜柜体材质**

（2）选择空白材质球并使用VRayMtl材质类型，将其指定给酒柜立柜门上的花纹模型。将"反射"颜色设置为"浅灰色"，如图1.34所示。

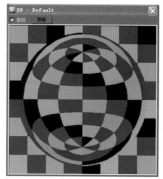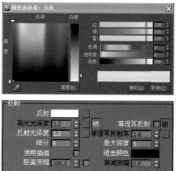

**图1.34　调节立柜门花纹装饰材质**

选择空白材质球并使用VRayMtl材质类型，将其指定给酒柜中间方形部分。设置"高光光泽度"为"0.6"，"反射光泽度"为"0.59"。在贴图卷展栏中为漫反射指定贴图布纹理（50605.jpg），并将它以实例的方式复制到凹凸贴图中，使材质产生凹凸纹理效果，如图1.35所示。

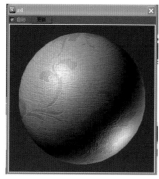

**图1.35　设置酒柜材质的基本参数和贴图**

为反射指定衰减贴图,在"衰减参数"中设置前侧颜色分别是"黑色"和"蓝色","衰减类型"改为"Fresnel"类型,如图 1.36 所示。

图 1.36　设置地面材质的衰减贴图

渲染后效果如图 1.37 所示。

图 1.37　酒柜材质效果

## 4. 筒灯材质制作

(1)选择空白材质球并使用 VRayMtl 材质类型,将其指定给筒灯金属边缘。设置"漫反射"为"黑色","反射"为"浅灰色",设置"高光光泽度"为"0.9","反射光泽度"为"0.85",如图 1.38 所示。

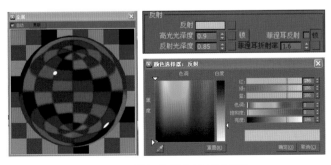

图 1.38　筒灯金属边缘材质制作

（2）选择空白材质球并使用发光材质类型，保持参数不变，将其指定给筒灯灯罩。效果如图 1.39 所示。

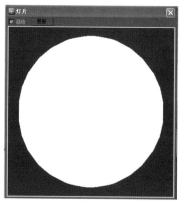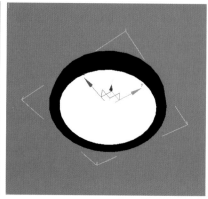

图 1.39　筒灯材质效果

全部材质设置完成后，渲染得到的效果如图 1.40 所示。

图 1.40　最终效果

## 1.3　灯光设置

（1）在创建面板的灯光列表中选择光度学灯光，首先选择"目标灯光"命令，其次在左视图中酒柜上筒灯的位置创建一个目标光源；然后以实例的方式复制一个到另一个筒灯的位置上。再选择"光源"，进行参数设置。在常规参数栏，勾选阴影启用，选择"VRayShadow"；"灯光分布（类型）"为"光度学 Web"，为其指定一个光域网文件 15.IES；在"强度 / 颜色 / 衰减"栏里设置"过滤颜色"为黄色，强度 cd值为"3600"。调节好参数后可以渲染看效果，根据效果适当调整灯光参数，如图 1.41 所示。

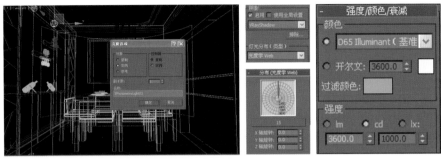

图 1.41　创建目标光源

（2）选择 VRay灯光内的 VRay光源命令，在窗口创建一个 VRay光源。接下来设置灯光参数，"倍增器"值为"2.5"，灯光颜色为"浅蓝色"，在选项中勾选"不可见"，取消"影响高光"和"影响反射"两个选项，将采样的"细分"值改为"20"。渲染观察效果，如图 1.42 所示。

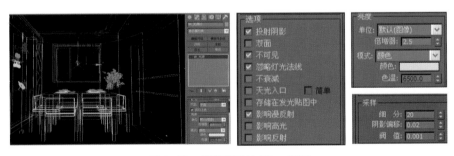

图 1.42　创建窗口处 VRay 光源

图 1.42　创建窗口处 VRay 光源（续）

（3）创建一个 VRay 光源在推拉门处，将"倍增器"值改为"0.5"，其他参数与窗口处灯光相同。渲染后观察效果，如图 1.43 所示。

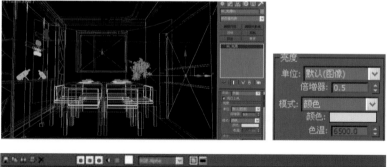

图 1.43　创建推拉门处 VRay 光源

## 1.4　渲染设置并出图

（1）按下"F10"键打开渲染场景对话框，在指定渲染器卷展栏中，确认默认扫描线渲染器被修改为VRay渲染器。如果材质应用的是VRay材质，那么应该在材质设置之前配置好VRay渲染器，如图1.44所示。

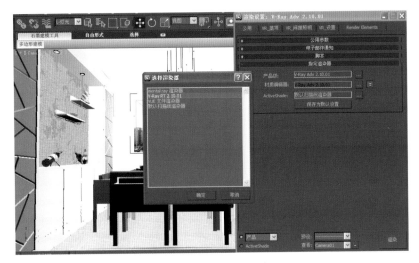

**图 1.44　设置 VRay 渲染器**

（2）打开"VR_基项"选项卡，在全局开关卷展栏中关闭"缺省灯光"，在环境卷展栏中开启"全局照明环境（天光）覆盖"，设置"倍增器"值为"1.1"，如图1.45所示。

**图 1.45　设置全局和环境参数**

（3）设置完成后渲染观察效果，是否有需要调整的地方，效果如图 1.46 所示。

图 1.46　设置全局和环境参数后渲染效果

（4）打开"VR_间接照明"选项卡，在间接照明卷展栏中开启全局照明，并设置"全局光引擎"为"发光贴图"类型，并在发光贴图卷展栏中将"当前预置"设置为"非常低"，以提高渲染速度，如图 1.47 所示。

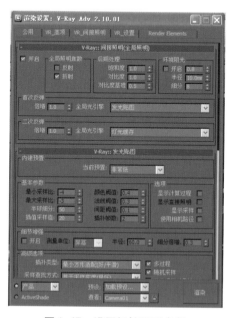

图 1.47　设置间接照明参数

（5）切换视图至摄影机视图，对场景进行渲染。效果如图 1.48 所示。

图 1.48　渲染间接照明设置的效果

（6）在发光贴图卷展栏中将当前预置设置为高，设置方法参见第 21 页第 2 步再次渲染，最终效果如图 1.49 所示。

图 1.49　最终完成的效果图

## 本章小结

　　本章主要学习的3ds Max软件中建模时常用修改器的使用方法，比如编辑多边形、挤出成型等修改器。这些修改器都是在场景建模中非常常用的，并且同一个模型可以应用不同的修改器制作出来，那么如何选择快捷适合的方法，同学们在练习的过程中，可以尝试各种不同的建模方法，在比较中积累经验，通过练习很快就能做到快速准确的建模。

## 实训题

　　这是一张玄关效果图，场景中部分模型可直接调用实例中制作过的模型，也可从模型库中调用，请你参照这张图片运用前面讲解过的方法完成效果图制作（图1.50）。

图1.50

第**2**章

# 卧室效果图制作

**教学目标**

  本章通过卧室效果图的制作，在工作过程中掌握室内各种3ds中常用修改器及复合模型制作方法、材质制作方法以及特定效果的灯光和渲染设置方法，重点掌握部分常用修改器命令对于模型参数的修改方法，通过案例制作来加强对命令的理解，最终达到能够独立制作室内效果图的能力和要求。

**教学要求**

| 能力目标 | 知识要点 | 权重 | 自测分数 |
|---|---|---|---|
| 了解基本模型的创建 | 创建扩展几何体的方法、参数及修改 | 5% | |
| 掌握常用修改器创建模型 | 常用修改器的使用方法、参数及修改 | 25% | |
| 掌握材质设置方法 | 材质的设置方法及各种参数的修改 | 35% | |
| 掌握灯光及渲染 | 布光原则及渲染参数设置 | 15% | |
| 能够熟练制作效果图 | 根据具体情况自主调节材质、灯光、渲染参数 | 20% | |

【章前导读】

首先看效果图，如图 2.1 所示。

图 2.1　黄昏卧室效果图

　　这是用 3ds Max 软件模拟制作的黄昏卧室效果图，整个画面以暖色调为主。初学者拿到图的时候往往会觉得无从下手。其实在 3ds Max 中，任何模型都可以由简单的几何体构成，因此在建模过程中，我们要先将场景进行拆分，将复杂的场景模型简单化，然后在从简单到复杂，按照工作的流程制作场景模型。那么这张黄昏卧室效果图应该如何制作呢？让我们来看看它的制作流程，如图 2.2 所示。

（a）卧室模型制作

（b）卧室材质制作

（c）卧室灯光设置

（d）卧室渲染设置并出图

图 2.2　范例制作流程

## 2.1 卧室模型制作

在制作卧室模型之前，我们把复杂的模型再次进行拆分，从墙体开始，再到内部构件，最后是各种家具的制作。

### 1. 地面模型制作

（1）启动 3ds Max2010 软件，设置系统单位为"毫米"，如图 2.3 所示。

图 2.3　单位设置

（2）在创建面板 ⚙ 的几何体 ⬭ 中选择标准基本体中的长方体命令，在顶视图中绘制一个长 4200mm，宽 6000mm，高 240mm 的长方体，作为地面模型，如图 2.4 所示。

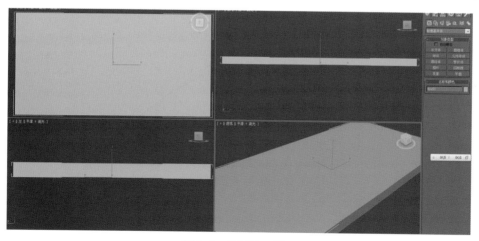

图 2.4　绘制地面模型

2．墙体模型制作

（1）在创建面板 ⚙ 的图形 🔲 中选择样条线中的线命令，在顶视图中绘制墙体轮廓线，如图 2.5 所示。

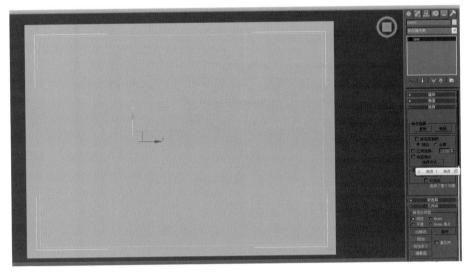

**图 2.5　绘制墙面图形**

（2）切换视图至透视图，选择绘制好的图形并在修改面板 🖉 中样条线次物体层级为其增加轮廓命令，设置轮廓数值为 240mm。然后为其增加挤出命令，设置挤出命令的数量值为 2800mm，并将地面模型复制至天花板位置，如图 2.6 所示。

**图 2.6　生成墙体模型**

（3）切换视图至顶视图，在创建面板 ⚙ 的图形 🔲 中选择样条线中的线命令，在两侧绘制踢脚线的图形，如图 2.7 所示。

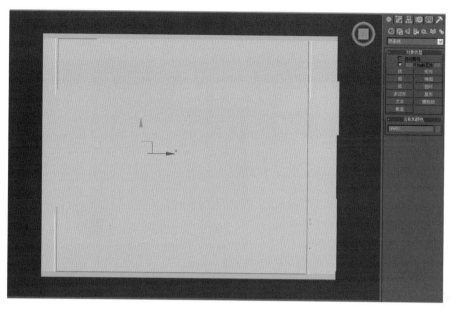

图 2.7　绘制踢脚线的图形

　　（4）选择绘制好的线并在修改面板中为其增加挤出命令，然后设置数量的值为80mm，使绘制的图形产生三维效果，如图 2.8 所示。

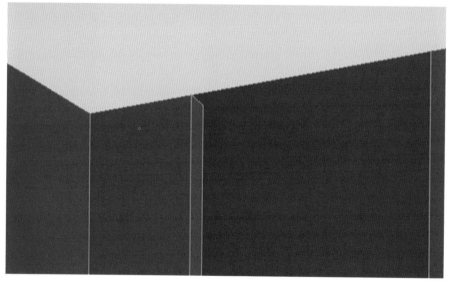

图 2.8　增加挤出命令

（5）在前视图中，使用标准基本体中的长方体命令和平面命令，制作电视背景墙模型，如图 2.9 所示。

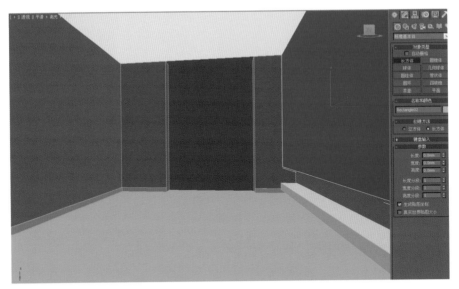

图 2.9　电视背景墙制作

（6）在创建面板的摄影机中选择目标摄影机命令，为场景设置摄影机。并且将视图调整为摄影机视图，在主工具栏中单击"快速渲染"按钮，渲染制作完成的墙体效果如图 2.10 所示。

图 2.10　墙体模型效果

## 3．室内细部装饰构件制作

（1）吊棚模型制作。

首先，在顶视图中使用样条线中的图形命令绘制吊棚轮廓，如图 2.11 所示。

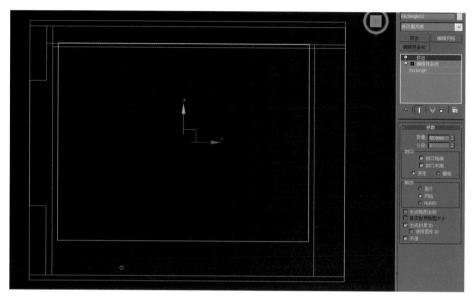

**图 2.11　绘制吊棚轮廓**

其次，配合编辑样条线命令和挤出命令编辑制作出三维模型，如图 2.12 所示。

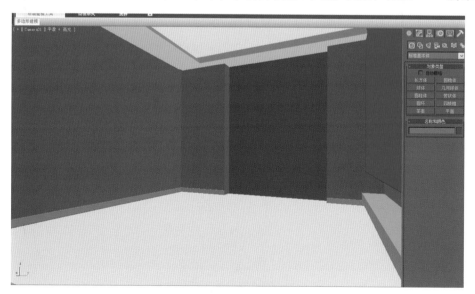

**图 2.12　生成吊棚模型**

最后，使用以上的方法，完成其他部分的制作，如图 2.13 所示。

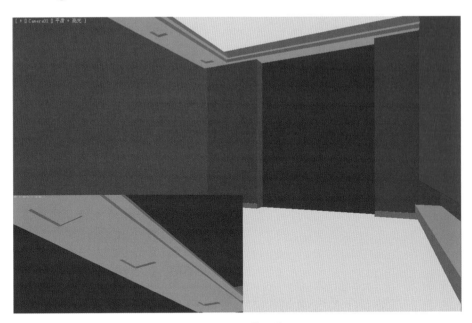

图 2.13　吊棚模型效果

　　（2）床头墙面装饰模型制作。使用创建面板里的长方形命令，制作床头墙面装饰模型，效果如图 2.14 所示。

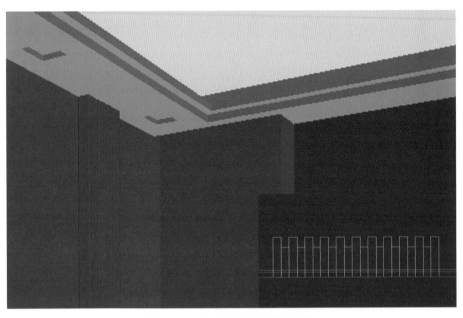

图 2.14　床头墙面装饰模型效果

　　（3）切换视图至前视图，使用长方体命令绘制相框形状，然后使用编辑多边形命令中的挤出和倒角操作，完成相框模型细部制作，效果如图 2.15 所示。

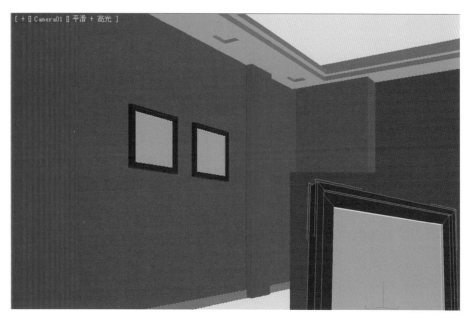

图 2.15　相框模型效果

（4）阳台推拉门模型制作。切换到左视图，使用矩形框命令，绘制门框轮廓，如图 2.16 所示。

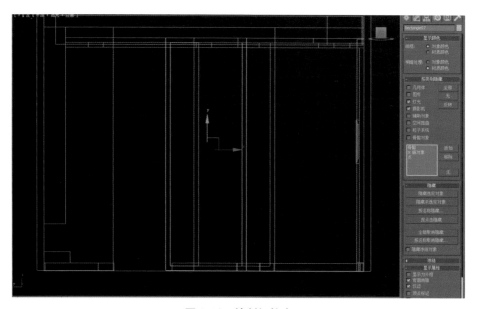

图 2.16　绘制门轮廓

然后配合编辑样条线命令和挤出命令生成门模型，将制作好的模型水平复制一个，切换到相机视图观察模型，渲染后如图 2.17 所示。

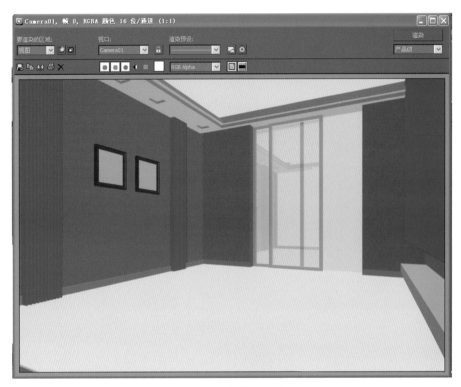

图 2.17　门模型生成

## 4．窗帘模型制作

（1）在左视图中使用创建面板中的线命令，绘制一条直线，再切换至顶视图，绘制一条曲线，作为制作窗帘模型的路径线和截面线，如图 2.18 所示。

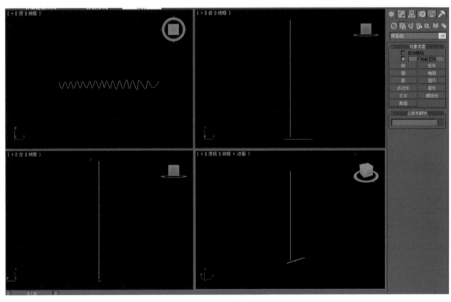

图 2.18　绘制窗帘模型的路径和截面

（2）选择直线，在创建面板的复合对象创建面板中选择"放样"命令，单击获取图形命令，在视图中拾取曲线，得到窗帘模型，如图2.19所示。

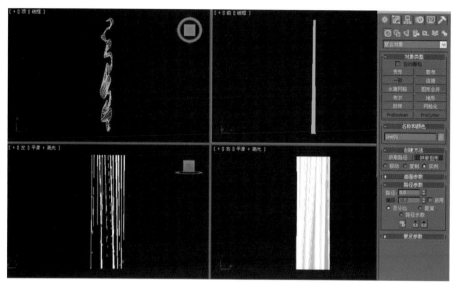

图2.19　放样制作窗帘模型

**提示**

放样是创建3ds模型的常用方法之一。它利用截面线和路径线创建模型。

（3）选择放样出的模型，在修改面板中选择FFD2×2×2晶格修改器，对模型进一步修改，如图2.20所示。

图2.20　修改窗帘模型

（4）将完成的窗帘模型水平复制，完成后渲染效果如图2.21所示。

图 2.21　窗帘模型效果

### 5. 床模型制作

（1）在创建面板的几何体中选择扩展基本体中的倒角长方体命令,在顶视图中创建并设置参数长为 1900mm,宽为 1700mm,高为 200mm,倒圆角值为 20mm 的倒角长方体模型,作为床的主体部分模型,如图 2.22 所示。

图 2.22　制作床的主体模型

（2）首先，在顶视图使用矩形框命令创建床围轮廓；然后，进行轮廓命令和挤出命令，生成床围模型；最后，在床围下使用长方体命令创建床腿模型，创建如图2.23所示。

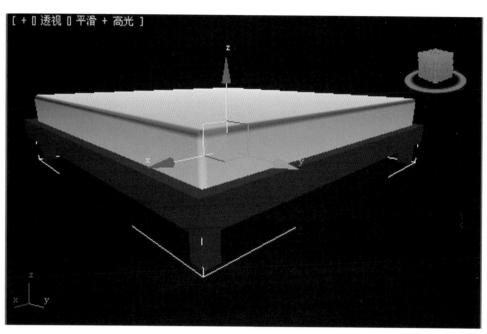

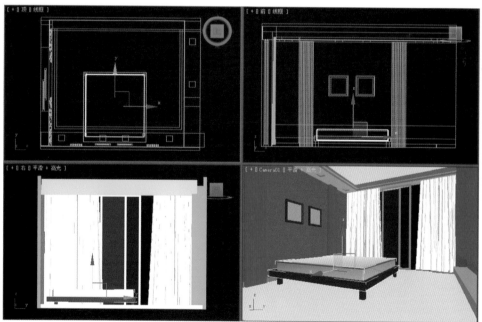

图 2.23　制作床围和床腿模型

（3）在创建面板的几何体中选择扩展基本体中的倒角长方体命令，创建床头模型。然后使用修改面板中的 FFD4×4×4 命令对其进行修改，效果如图 2.24 所示。

图 2.24　制作床头模型

提示

　　FFD 修改命令使用控制点控制几何体形状，通过调节控制点，可以改变几何体的形状。控制点的数目可以调节，系统提供的有 2×2×2，3×3×3，4×4×4 等，使用 FFD【box】命令可以设置控制点数目，可以精细修改模型。

　　（4）使用几何体模型配合编辑网格命令和 FFD 修改器制作枕头模型和被子模型，摆放在合适的位置，如图 2.25 所示。

图 2.25　制作枕头和被子模型

　　（5）使用几何体模型制作计算机和书的模型，摆放在床上合适的位置，渲染后效果如图 2.26 所示。

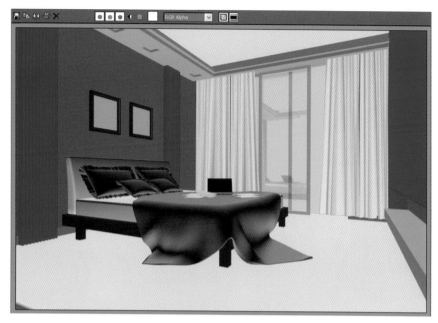

**图 2.26　制作计算机和书模型**

## 6．装饰模型制作

（1）切换视图至前视图，使用创建面板的图形中的线命令绘制图形，对图形进行可编辑样条线操作，并对各点编辑，然后配合挤出命令生成三维模型，最后切换视图至顶视图，并复制数个，如图 2.27 所示。

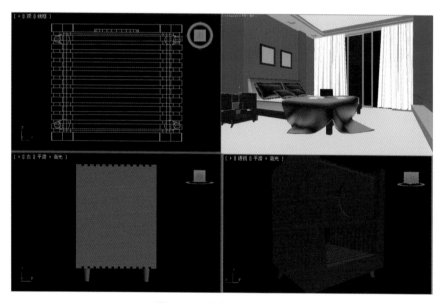

**图 2.27　制作床头柜模型**

（2）使用创建面板里几何体中的管状体命令灯罩模型；使用图形中样条线内的线命令灯座的截面图形，配合车削命令制作完成台灯模型，如图 2.28 所示。

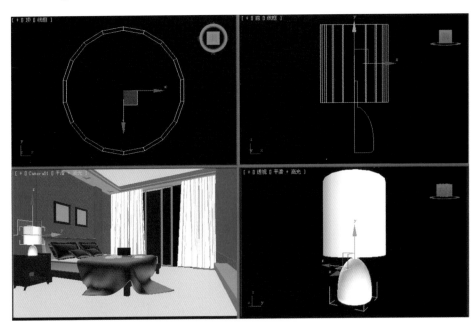

图 2.28　制作台灯模型

（3）使用创建面板里图形中的线绘制花瓶截面，配合车削命令制作花瓶模型，并合并植物文件到场景中，放在合适的位置，如图 2.29 所示。

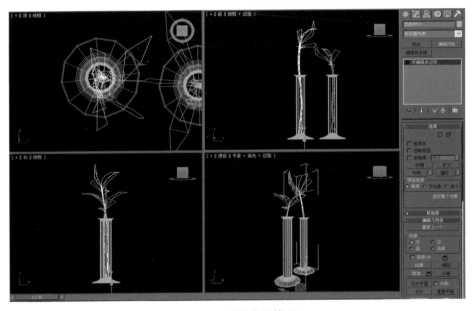

图 2.29　制作花瓶模型

（4）使用创建面板里图形中的线命令，配合挤出、车削、放样制作完成条案模型，如图 2.30 所示。

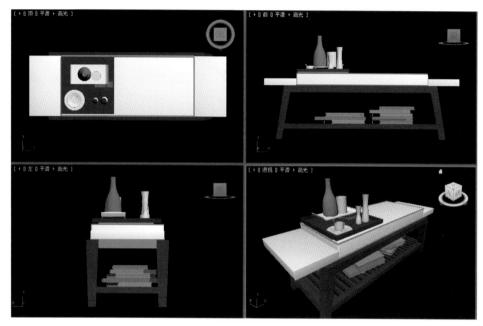

图 2.30　制作条案模型

（5）使用创建面板的几何体中的长方体命令，配合编辑网格命令制作完成电视模型及电视柜模型，如图 2.31 所示。

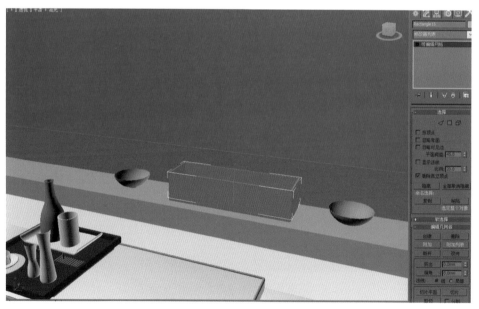

图 2.31　制作电视柜模型

## 7.阳台模型制作

（1）使用创建面板里的几何体中的长方体命令以及图形中线命令，配合编辑网格编辑样条线、放样等命令制作完成阳台模型，如图 2.32 所示。

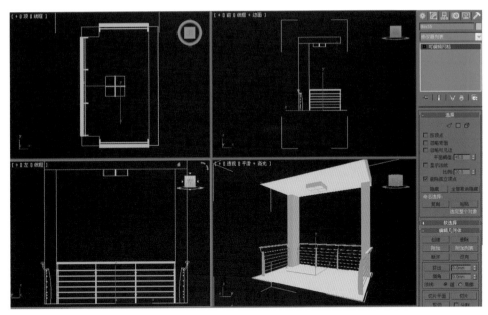

图 2.32　制作阳台模型

（2）在创建面板的几何体里选择长方体命令，在视图中绘制一个长方体模型作为椅子的雏形，在右键菜单中选择转换为可编辑网格，对长方体进行编辑，形状如图 2.33 所示。

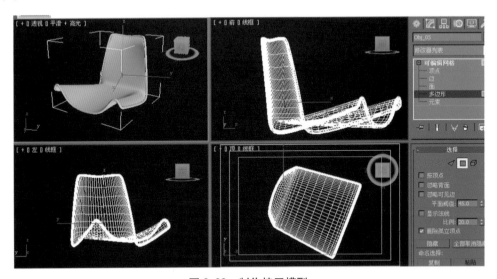

图 2.33　制作椅子模型

**提示**

编辑网格命令和编辑多边形命令的区别是网格是基于三角面的编辑方式，而多边形是基于四边面的编辑方式，它们的控制和调整方法略有不同，但都可以做出想要的效果。

（3）在创建面板的图形中选择线命令，并在渲染卷展栏中勾选"在渲染中启用"、"在视口中启用"两项，设置其厚度为"30mm"，绘制椅子四个脚的形状，然后在堆栈器里选择线的点次物体层级，对各个点进行编辑，效果如图 2.34 所示。

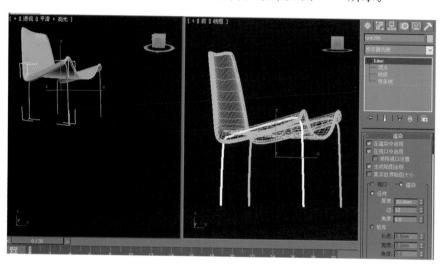

图 2.34　绘制椅子四个脚的形状

3ds 中有四种类型的点，分别是角点、平滑、Bezier 角点、Bezier，可以根据模型的需要对点的类型在右键菜单中进行选择，方法如图 2.35 所示。

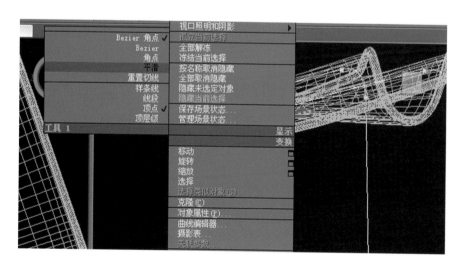

图 2.35　修改点类型的方法

（4）将制作完成的椅子模型制作组，命令为椅子，放在合适的位置，并在工具栏中选择镜像命令 ，将模型镜像复制一个。然后使用线命令，配合编辑多边形命令和挤出命令，制作茶几、台灯模型，整体效果如图 2.36 所示。

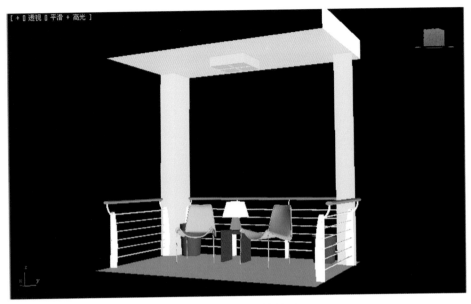

图 2.36　阳台整体效果

（5）切换到摄像机视图，在主工具栏中单击"快速渲染"按钮，渲染制作完成的模型效果，如图 2.37 所示。

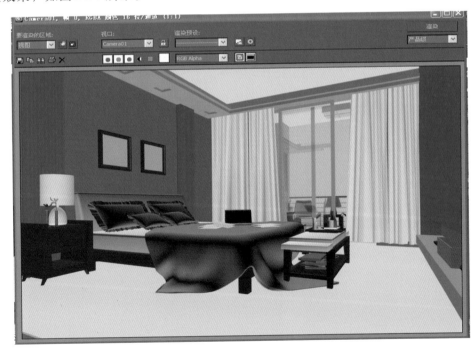

图 2.37　卧室模型效果

## 2.2 材质制作

### 1. 墙体、地面及细部装饰构件材质制作

（1）按下"M"键，调出材质编辑器。在材质编辑器中选择一个空白材质球并使用 VRayMtl材质类型，然后将材质指定给地面模型。调节"漫反射"颜色为"白色"，并为之指定贴图"地毯04.jpg"，然后将贴图以实例方式复制到凹凸贴图中，如图2.38所示。

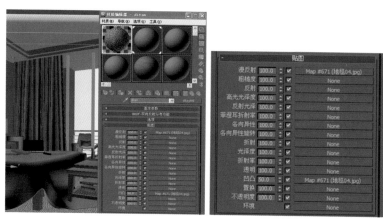

**图2.38 调节地毯材质**

（2）在材质编辑器中选择一个空白材质球并使用 VRayMtl材质类型，然后将其指定给墙面模型。调节"漫反射"颜色为"黄色"，RGB值分别为"238.205.148"，如图2.39所示。

**图2.39 调节墙面材质**

（3）选择空白材质球并使用 VRayMtl 材质类型，将其指定给踢脚线和墙面木纹装饰。调节"高光光泽度"为"0.5"，"反射光泽度"为"0.85"，"细分"为"3"，"最大深度"为"5"。并在贴图中为漫反射贴图指定为"胡桃.jpg"，为反射贴图指定Falloff贴图，如图 2.40 所示。

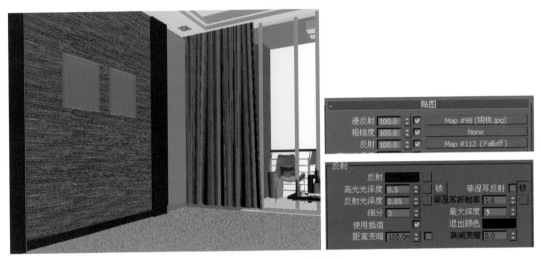

图 2.40　调节踢脚线材质

（4）选择空白材质球并使用 VRayMtl 材质类型，将其指定给电视背景墙。调节漫反射贴图为墨线.jpg，"高光光泽度"为"0.5"，"反射光泽度"为"0.85"，"细分值"为"3"，如图 2.41 所示。

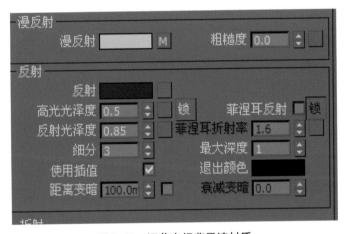

图 2.41　调节电视背景墙材质

（5）选择空白材质球并使用 VRayMtl 材质类型，将其指定给床头墙面装饰。指定漫反射贴图为墙纸灰.jpg，如图 2.42 所示。

**图 2.42　调节床头墙面装饰材质**

（6）选择空白材质球并使用 VRayMtl材质类型，将其指定给天花板和吊棚模型。调节"漫反射"颜色为"白色"，"反射光泽度"为"0.7"，如图 2.43 所示。

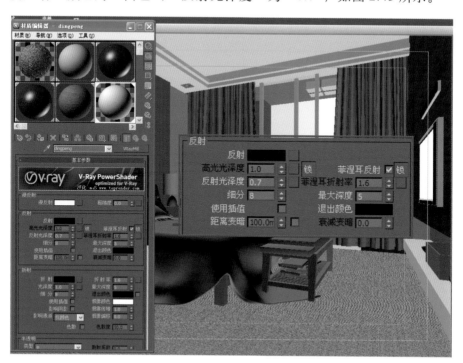

**图 2.43　调节天花板和吊棚材质**

（7）选择空白材质球并使用 VRayMtl材质类型，将其指定给装饰画边框模型。调节漫反射颜色为乳白色。选择空白材质球并使用标准材质，将其指定给装饰画模型，在漫反射贴图中赋予一张装饰画贴图，效果如图 2.44 所示。

图 2.44　调节装饰画材质

## 2．床材质制作

（1）选择空白材质球并使用 VRayMtl材质类型，将其指定给床头模型。调节"漫反射"颜色为"白色"，并为漫反射和凹凸贴图赋予白色纹理 .jpg贴图，如图 2.45 所示。

图 2.45　调节床头材质

（2）选择空白材质球并使用 VRayMtl材质类型，将其指定给枕头模型。调节"漫反射"颜色为"白色"，并为其指定衰减贴图，在"衰减参数"中为前侧指定布纹01.jpg贴图，如图 2.46 所示。

**图 2.46　调节枕头材质**

　　拖曳复制枕头材质球至另一空白材质球上，将其指定给另两个较小的枕头模型。调节衰减贴图为红色纹理 .jpg。用同样的方法复制一个新的材质球，调节衰减贴图为布纹 02.jpg，将其制定给被子模型，效果如图 2.47 所示。

**图 2.47　调节床材质**

## 3．装饰模型材质制作

　　（1）选择空白材质球并使用 VRayMtl 材质类型，将其指定给床头柜。调节"漫反射"颜色为"白色"，"高光光泽度"为"0.85"，"反射光泽度"为"0.95"，如图 2.48 所示。

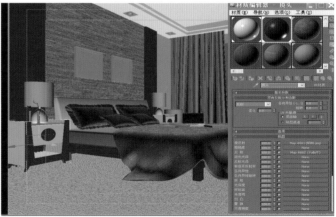

**图 2.48　调节床头柜材质**

（2）选择空白材质球并使用标准材质类型，将其指定给灯罩。调节"环境光"和"漫反射"颜色为"白色"，"高光级"别为"75"，"光泽度"为"60"，并为"漫反射"指定"衰减贴图"。选择空白材质球并使用 VRayMtl 材质类型，将其指定给花瓶，调节漫反射颜色 RGB 值为"234.245.252"，效果如图 2.49 所示。

**图 2.49　调节灯罩材质**

（3）将制作完成的木材质和床头白色纹理材质指定给条案模型，效果如图 2.50 所示。

图 2.50　调节茶几材质

（4）选择空白材质球并使用 VRayMtl材质类型，将其指定给电视机边框；调节"漫反射"颜色为"白色"，"高光光泽度"为"0.6"，"反射光泽度"为"0.75"，"细分"值为"12"。选择空白材质球并使用 VRayMtl材质类型，将其指定给电视机面板；调节"漫反射"颜色为"黑色"。选择空白材质球并使用 VRay发光材质类型，将其指定给电视机屏幕；在颜色后面贴图项内赋予 dianshi.jpg贴图，如图 2.51 所示。

图 2.51　调节电视机材质

### 4．窗帘材质制作

（1）选择空白材质球并使用 VRayMtl 材质类型，将其指定给纹理纱窗。调节"漫反射"颜色为"乳白色"，"反射光泽度"为"0.7"，"细分"值为"3"，并为漫反射贴图赋予输出贴图，在输出贴图内勾选启用颜色贴图，调节曲线点，然后为折射贴图赋予衰减贴图，调节衰减参数中的前侧颜色为"灰色"和"黑色"，调节折射细分值为 12，通过微调器将折射率调小到合适的效果，如图 2.52 所示。

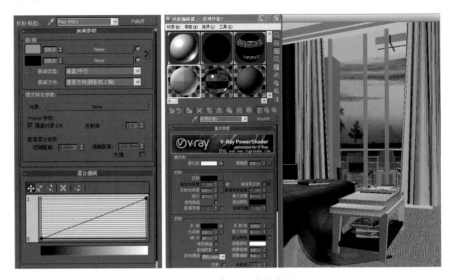

**图 2.52　调节纹理窗帘材质**

（2）选择空白材质球并使用 VRayMtl 材质类型，将其指定给窗帘。调节漫反射颜色的 RGB 值分别为"105.48.20"，并为漫反射贴图赋予布纹 02.jpg 贴图，效果如图 2.53 所示。

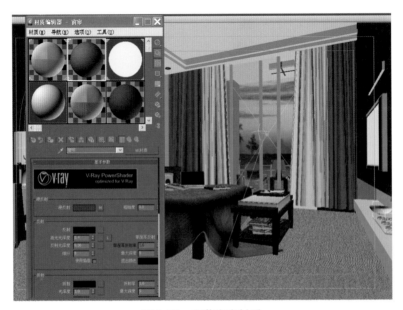

**图 2.53　调节窗帘材质**

### 5．阳台材质制作

（1）选择空白材质球并使用 VRayMtl 材质类型，将其指定给推拉门玻璃。调节"漫反射"颜色为"浅蓝色"，"反射颜色"为"深灰色"，"高光光泽度"为"0.85"，"折射颜色"为"白色"，"折射率"为"1.5"，"烟雾倍增值"为"0.01"。将前面制作完成的电视机白色边框材质指定给阳台推拉门边框，如图 2.54 所示。

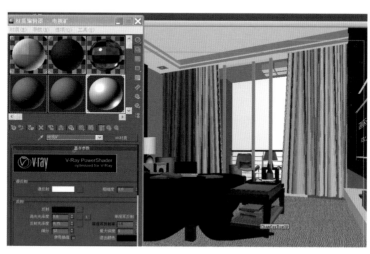

**图 2.54　调节推拉门材质**

（2）阳台上的椅子、台灯、茶几、栏杆、墙体以及吸顶灯等材质可以参照室内的各种材质制作，希望同学们能够通过前面的学习试着自己动手制作阳台模型的材质，进一步巩固提高前面所讲的知识，这里就不再赘述。

### 6．筒灯材质制作

（1）选择空白材质球并使用 VRayMtl 材质类型，将其指定给筒灯金属边缘。调节"漫反射"颜色为"深灰色"，"反射颜色"为"浅灰色"，"反射光泽度"为"0.9"，如图 2.55 所示。

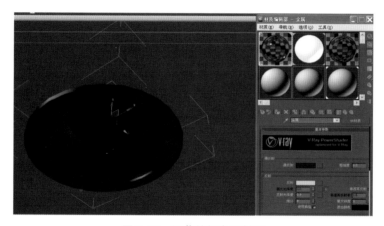

**图 2.55　调节筒灯金属材质**

（2）选择空白材质球并使用标准材质类型，将其指定给筒灯顶部。环境光和漫反射均调节为"白色"，"自发光值"为"90"，"高光级别"为"30"，如图 2.56 所示。

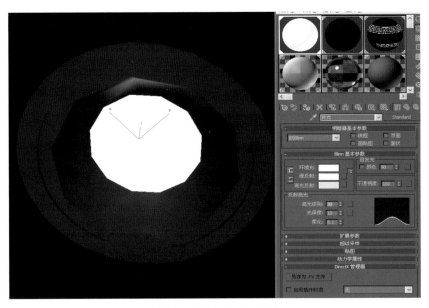

图 2.56　调节筒灯顶材质

## 2.3　灯光设置

（1）在创建面板的灯光中选择 VRay灯光内的 VRay太阳灯光命令，然后在前视图左上侧位置建立。选择 VRay太阳灯光并在修改面板中设置参数，其中"浊度"为"6.0"，"强度倍增"为"0.05"，"大小倍增"为"3.0"，"阴影细分值"为"8"，如图 2.57 所示。

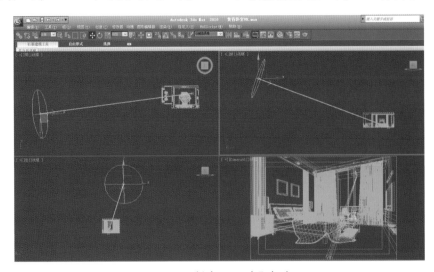

图 2.57　创建 VRay 太阳灯光

（2）选择 VRay 灯光内的 VRay 光源命令，然后在顶视图上创建。选择 VRay 光源灯光并在修改面板中设置参数，将灯光类型改为穹顶，"倍增值设置"为"2.0"，"颜色设置"为"暖色"，灯光大小参数中"U 向尺寸"为"150mm"，"V 向尺寸"为"100mm"，W 向尺寸不变，"采样细分值"设置为"20"，如图 2.58 所示。

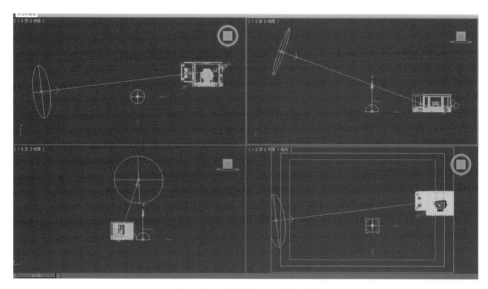

**图 2.58 创建 VRay 光源（1）**

（3）创建一个 VRay 光源在推拉门处，将"灯光类型"设置为"平面"，"倍增值"为"2.0"，灯光颜色为"淡黄色"，灯光大小参数中半长度为"800mm"，半宽度为"1200mm"，如图 2.59 所示。

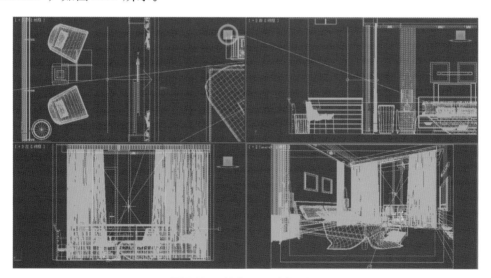

**图 2.59 创建 VRay 光源（2）**

（4）选择标准灯光内的泛光灯命令，在台灯处创建。选择泛光灯，在修改面板中设置参数，将阴影启用并选择 VRayShadow，"倍增"值设置为"4.0"，并启用近距衰减和远距衰减，参数如图 2.60 所示。

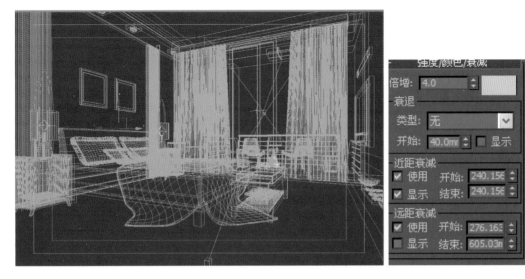

图 2.60　创建泛光灯

## 2.4　渲染设置并出图

（1）按下 F10 键打开渲染场景对话框，在指定渲染器卷展栏中，将默认扫描线渲染器修改为 VRay 渲染器，如图 2.61 所示。

图 2.61　设置 VRay 渲染器

（2）打开"VR_基项"选项卡，在全局开关卷展栏中关掉缺省灯光，在图像采样器展览中设置抗锯齿过滤器为 Catmull-Rom（只读存储）类型，在环境卷展栏中开启"全局照明环境（天光）覆盖"，设置"倍增器"值为"1.4"，如图 2.62 所示。

图 2.62　设置全局、图像采样器和环境参数

（3）切换视图至摄影机视图，同时按下键盘上的"shift+Q"组合键，打开快速渲染窗口，渲染效果如图 2.63 所示。

图 2.63　渲染设置全局光引擎的效果

（4）打开"VR_间接照明"选项卡，在"间接照明"卷展栏中"开启"全局照明，并设置"全局光引擎"为"发光贴图"类型，在"发光贴图"卷展栏中将"当前预置"设置为"非常低"，以提高渲染速度，如图2.64所示。

图 2.64　设置间接照明参数

（5）切换视图至摄影机视图，对场景进行快速渲染，效果如图2.65所示。

图 2.65　渲染间接照明设置的效果

（6）将"发光贴图"卷展栏中将"当前预置"设置为"高"，再次渲染，最终效果如图 2.66 所示。

图 2.66　最终完成的效果图

## 本章小结

　　VRay渲染器是第三方开发的插件，需要独立安装并在渲染场景对话框内的指定渲染器卷展栏中添加产品级别的 VRay渲染器以后，才有相应的 VRay材质、灯光、渲染等设置。VRay渲染器渲染的效果比默认扫描线渲染器更加真实，同学们要多加练习。

## 实训题

　　这是一张现代简约效果的客厅效果图，装饰手法上打破常规，大量直线，造型简洁。场景虽然与实例中不同，但是模型的制作方法大同小异，请你参照这张图片运用前面讲解过的方法完成效果图制作（图 2.67）。

图 2.67

第 3 章

# 卫生间效果图制作

**教学目标**

　　本章通过卫生间效果图的制作，在工作过程中掌握室内各种常用修改器及复合模型制作方法、材质制作方法以及特定效果的灯光和渲染设置方法，重点掌握模型制作中线面挤出制作实体的方法，通过案例制作来加强对命令的理解，最终达到能够独立制作室内效果图的能力和要求。

**教学要求**

| 能力目标 | 知识要点 | 权重 | 自测分数 |
|---|---|---|---|
| 卫生间模型的创建方法，模型的导入 | 线挤出三维实体，面挤出，吊顶分段、扩边、挤出 | 40% | |
| 掌握V-Ray材质的使用与设置方法 | 掌握V-Ray的材质参数设置的方法 | 20% | |
| 掌握摄像机的使用与画面构图 | 摄像机参数设置，画面构图 | 10% | |
| 掌握灯光及渲染 | 用V-Ray球光模拟吊灯光源，V-Ray天光的设置 | 10% | |
| 能够熟练制作效果图 | 建模方法 灯光，渲染 | 20% | |

【章前导读】

首先看效果图，如图 3.1 所示。

图 3.1　夜间卫生间效果图

这是用 3ds Max 软件模拟制作的夜间卫生间效果图，我们要将场景进行拆分，按照工作的流程制作场景模型。那么，这张晚上卫生间效果图如何制作呢？让我们来看看它的制作流程，如图 3.2 所示。

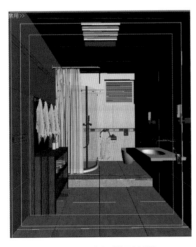

（a）卫生间模型制作

（b）卫生间材质制作

图 3.2　范例制作流程

（3）卫生间灯光设置

（4）卫生间渲染设置并出图

图 3.2　范例制作流程（续）

## 3.1　卫生间模型制作

在制作卫生间之前，我们要认识卫生间的构造、功能，以及氛围，一般以设计师的意图为准，现我们模仿此例，从大到小依次构建模型。

### 1．墙体模型制作

（1）启动 3ds Max2010 软件，设置系统单位为毫米，前面已讲，这里不再赘述。

（2）在创建面板■的图形■中选择标准基本体中的矩形命令，在顶视图中绘制一个长度 1930mm，宽 2480mm 矩形，再挤出 2800mm 作为墙体模型的轮廓，如图 3.3 所示。

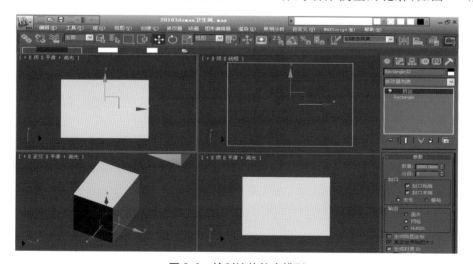

图 3.3　绘制墙体轮廓模型

（3）选中矩形挤出的三维实体，在右键菜单中将其转化为可编辑多边形，如图 3.4 所示。

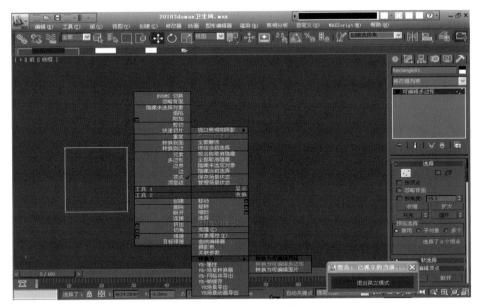

图 3.4　绘制墙体轮廓模型

（4）在面层级选中可编辑的多边形的所有面，在右键菜单中将其转化为可编辑多边形，把所有面的法线翻转，翻转后删除底面，如图 3.5 所示。

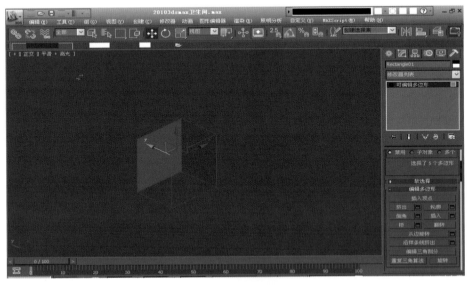

图 3.5　翻转法线

（5）切换视图至透视图，按 M 键选择材质球制作一个白色材质赋它墙体取名白色乳胶漆，如图 3.6 所示。

图 3.6　白色乳胶漆材质

（6）在墙体内设置相机，创建面板点 ▦，再选择目标,即设置相机的镜头参数，由于场景比较狭隘，直接放置相机，透视要么比较小，拉后相机又大了，会被后面的墙体挡住，所以需对场景进行剪切平面，如图 3.7 所示。

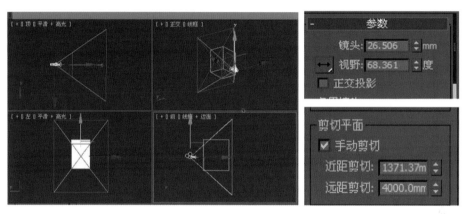

图 3.7　相机参数

**提示**

> 室内小场景相机一般设置在 24mm 左右为宜，不宜过大！参数可手动随意调节，舒适为佳！

（7）设置相机高度为 1200mm，在渲染视图里设置输出宽度为 400mm，高度为 514mm，点锁图标锁定按"C"键切换至相机视图，再按键盘"Shift+F"组合键，使绘制的图形在安全框内产生三维效果，如图 3.8 所示。

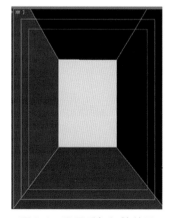

图 3.8　设置后相机的效果

（8）在透视图中，在线层级使用连接命令分别制作出卫生间高窗和门洞，高窗台高 1800mm，窗尺寸为 850mm，紧贴墙边，设置门高 2100mm、门宽为 800mm，墙边距为 215mm，在窗洞与门洞分别挤出 120mm，删除挤出的面，留出门窗洞口，如图 3.9 所示。

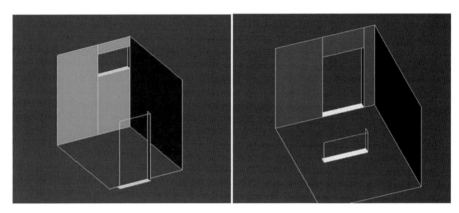

图 3.9　门窗洞口制作

（9）由于场景较小，模型面数不会很多，为了使效果更加真实，我们用模型来建立地面瓷砖。在顶视图建一个长方体，长、宽、高分别为 500mm×500mm×20mm，转化为可编辑多边形，并对长方体上层边进行切角，如图 3.10 所示。

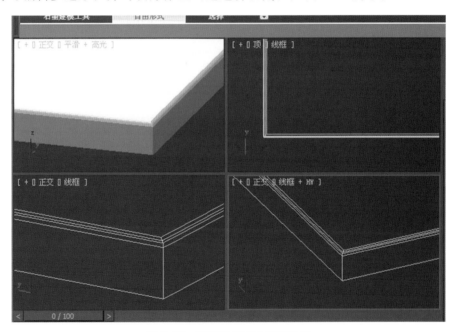

图 3.10　切角后的瓷砖模型效果

（10）制作完模型后赋予一个米黄地砖材质，并给一个 UVW 贴图坐标 500mm、500mm、20mm，贴图后复制模型，并设置地台湿区高度为 170mm，前端灰色地砖为 500mm、250mm、20mm，效果如图 3.11 所示。

图 3.11 贴图后地面瓷砖模型效果

（11）以同样的方法制作墙体瓷砖，瓷墙尺寸为：500mm×300mm×20mm。然后为墙体设置瓷砖材质，添加 UVW 贴图坐标为 500mm、300mm、20mm，并复制，如图 3.12 所示。

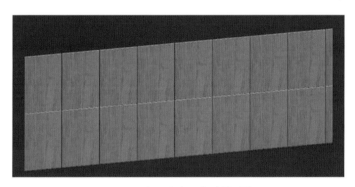

图 3.12 贴图后墙面瓷砖模型效果

（12）以此类推复制并完成全墙体瓷砖制作，在高 1000mm、2100mm 处分别设置墙体瓷砖腰线模型，高为 100mm，厚为 20mm，长随进深；并赋予不同的腰线材质，UVW 贴图坐标为 300mm、300mm、100mm。上层墙体瓷墙材质与下层的材质不同，为偏白的纹理瓷砖材质。完成后效果如图 3.13 所示。

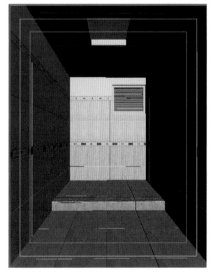

图 3.13 完成后的墙面瓷砖模型效果

## 2．卫生间细部装饰构件制作

（1）吊顶模型制作。在顶视图中用矩形绘出吊顶外形，尺寸为 1930mm×2480mm，挤出 100mm，再复制矩形廓边 100mm，挤出 20mm 制作木龙骨，接着用长方体画出来高 20mm，宽 60mm 格栅龙骨，格子大小均分，如图 3.14 所示。

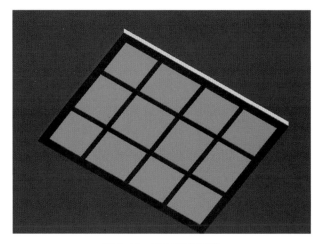

图 3.14　绘制吊顶模型

然后在格栅龙骨中间，白色石膏顶上留出放灯的位置。回到白色石膏顶上用附加命令，附加一个矩形，大小如栅格大小，如图 3.15 所示。

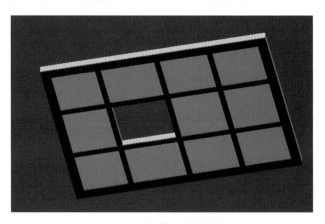

图 3.15　留出装日光灯的位置

（2）制作卫生间高窗，在窗洞内用图形矩形画二维线 850mm×700mm，接着廓边 50mm，挤出 50mm，接着画出倾斜格栅，效果如图 3.16 所示。

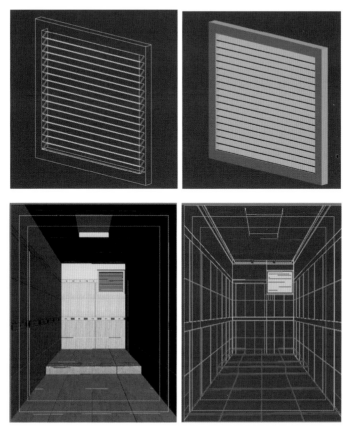

图 3.16　生成高窗吊棚模型

（3）制作完地面、墙体吊顶后，合并事先准备好的日光灯、淋浴房、洗漱台、镜子等相关模型，如图 3.17 所示。

图 3.17　合并模型后的效果

提示

自己制作的室内模型素材，可以存档以后调用，也有许多室内模型素材可以在网络上找到共享资源，合理地利用这些资源，可以更快地完成模型制作。

## 3.2 材质制作

### 1. 瓷砖材质制作

（1）白色乳胶漆材质，设置"反射"为"225、225、225"，设置"漫反射"RGB为："0、0、0"；纯白色，其他参数不变，如图 3.18 所示。

**图 3.18 白色乳胶漆材质制作**

（2）地面米黄地砖材质。指定 VRayMtl 材质，添加贴图，设置"漫反射"RGB为："128、128、128"；"反射"RGB为："35、35、35"；"高光光泽度"为"0.75"；"反射光泽度"为"0.85"；"细分"为"8"，在贴图面板，漫反射里贴图复制到"凹凸"里，凹凸数值为"15"，效果如图 3.19 所示。

**图 3.19 米黄地砖材质参数设置**

材质贴图效果如图 3.20 所示。

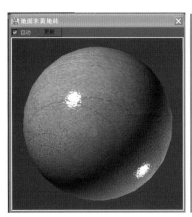 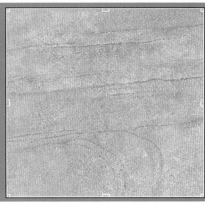

图 3.20　米黄地砖材质制作

（3）将地面米黄地砖材质球拖曳至一个空白材质球上，制作墙体上层腰线材质，参数不变，贴图改为腰线贴图，如图 3.21 所示。

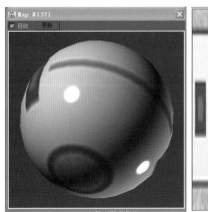 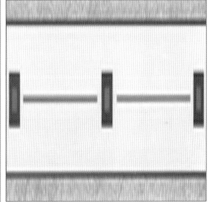

图 3.21　上层腰线材质制作

（4）用同样的方法制作墙体下层腰线材质，如图 3.22 所示。

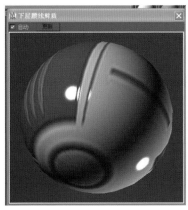 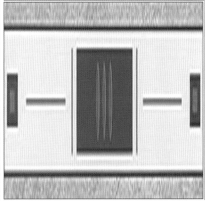

图 3.22　下层腰线材质制作

（5）墙体上层瓷砖材质，制作方法同米黄地砖，只需修改贴图样式，效果如图 3.23 所示。

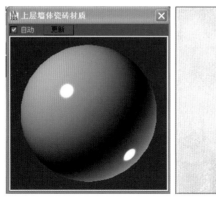

**图 3.23　墙体上层瓷砖材质制作**

（6）墙体下层瓷砖材质制作，同米黄地砖材质，效果如图 3.24 所示。

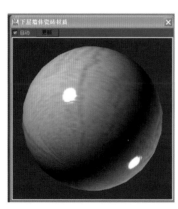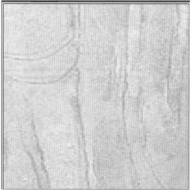

**图 3.24　墙体下层瓷砖材质制作**

到此为止，瓷砖的材质就全部设置完成了，由于都是釉面的瓷砖，所以设置的参数是一样的。

**提示**

设置材质时如果是不同材质在一个面场景内的上下层，一般下层会选用稍偏深一点的颜色，这样做出来的图会有退晕效果，打上灯光时不会过于偏向灯光的颜色使效果更加真实。

### 2．其他材质制作

（1）吊顶木格栅材质制作。为空白材质球指定 VRayMtl 材质，添加贴图，设置"漫反射"RGB 为："225、248、225"；"反射"RGB 为："20、20、20"；"高光光泽度"为"0.7"；

"反射光泽度"为"0.8";"细分"为"9",效果如图3.25所示。

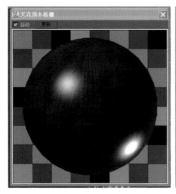

图 3.25　吊顶木格栅材质制作

（2）洗漱盆材质制作。为空白材质球指定 VRayMtl材质，设置"漫反射"RGB为："250、250、250";"反射"RGB为："35、35、35";"高光光泽度"为"1";"反射光泽度"为"0.9";"细分"值为"7"，效果如图3.26所示。

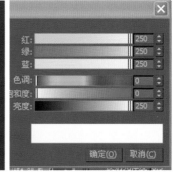

图 3.26 洗漱盆材质制作

（3）木纹材质制作。材质类型指定为 VRayMtl材质，添加贴图，设置"漫反射"RGB为："7、7、7";"反射"RGB为："40、40、40";"高光光泽度"为"0.65";"反射光泽度"为"0.75";"细分"为"10"，在贴图面板，漫反射里贴图复制到"凹凸"里，"凹凸"数值为"2"，效果如图3.27所示。

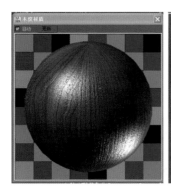

图 3.27　木纹材质制作

（4）淋浴房浴帘的材质制作。指定材质类型为 VRayMtl 材质，设置"漫反射"RGB 为："237、237、237"；"反射"RGB 为："119、119、119"；"高光光泽度"为"1.0"；"反射光泽"为"0.8"；"细分"为"8"，在贴图面板，为"凹凸"加一个 Gradient Ramp 程序贴图，"凹凸"数值为"60"，参数如图 3.28 所示。

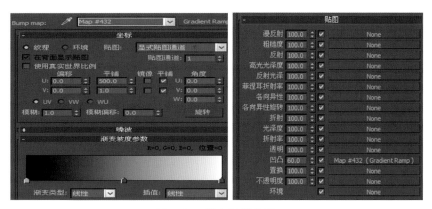

图 3.28　浴帘材质参数

在 Gradient Ramp 程序贴图内设置 U 向平铺为"500"，渐变坡度参数控制点参数分别为"0、0、0，127"、"127、127，255、255、255"，效果如图 3.29 所示。

图 3.29　Gradient Ramp 效果

完成后效果如图 3.30 所示。

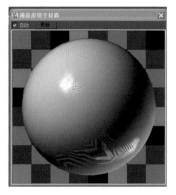

图 3.30　浴帘材质制作

（5）不锈钢材质制作。指定 VRayMtl材质，设置"漫反射"RGB为："60、60、60"；"反射"RGB为："150、150、150"；"高光光泽度"为"1.0"；"反射光泽度"为"0.85"；"细分"为"8"，如图 3.31 所示。

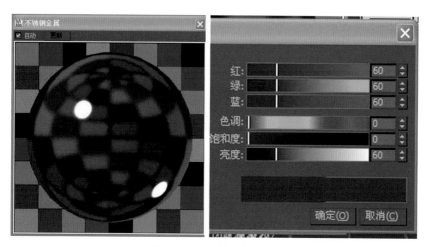

**图 3.31　不锈钢材质制作**

（6）淋浴房玻璃材质制作。指定材质类型为 VR材质包裹器材质，在基本材质里 VRayMtl材质，附加曲面属性面板，产生全局照明、接收全局照明都设置为"0.8"，设置基本材质里 VRayMtl材质"漫反射"RGB为："0、0、0"；"反射"RGB为："254、254、254"，加入 falloff，"衰减类型"为"Freshnel""高光光泽度"为"1.0"；"反射光泽度"为"0.98"；"细分"为"3"，如图 3.32 所示。

**图 3.32　淋浴房玻璃材质制作**

（7）毛巾材质制作。指定材质类型为 VRayMtl材质，"漫反射"RGB参数设置为"221、221、221"，漫反射里指定衰减贴图，在 falloff衰减里黑色前侧后指定毛巾贴图。"反射"RGB为"0、0、0"，"高光光泽度"为1.0，"反射光泽度"为"1.0"，"细分"为"8"，如图 3.33 所示。

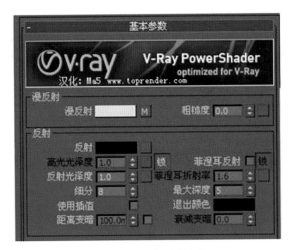

图 3.33　毛巾材质参数

设置完成后效果如图 3.34 所示。

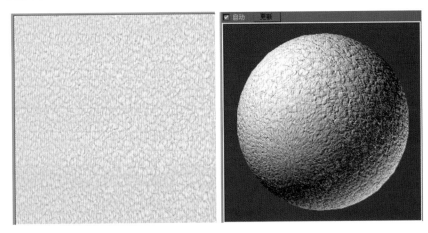

图 3.34　毛巾材质制作

（8）黑色防腐木材质制作。指定 VRayMtl材质，设置"漫反射"RGB为："7、7、7"；"反射"RGB为："40、40、40"；"高光光泽度"为"0.65"；"反射光泽度"为"0.75"；"细分"值设置为"10"，如图 3.35 所示。

图 3.35　黑色防腐木材质参数

完成后材质效果如图 3.36 所示。

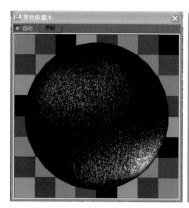

图 3.36 黑色防腐木材质制作

（9）塑门框材质制作。为空白材质球指定为 VRayMtl 材质类型，设置"漫反射"RGB 为："243、226、182"；"反射"RGB 为："27、27、27"；"高光光泽度"为"1.0"；"反射光泽度"为"0.9"；"细分"值设置为"8"，如图 3.37 所示。

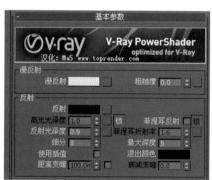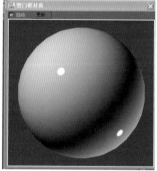

图 3.37 塑门框材质制作

（10）百叶窗材质制作。指定材质类型为 VRayMtl 材质，设置"漫反射"RGB 为："245、245、245"；"反射"RGB 为："18、18、18"；"高光光泽度"为"1.0"；"反射光泽度"为"0.9"；"细分"值设置为"8"，如图 3.38 所示。

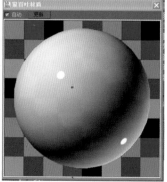

图 3.38 百叶窗材质制作

（11）镜子材质制作。为空白材质球指定材质类型为定 VRayMtl材质，设置"漫反射"RGB为："0、0、0"；"反射"RGB为："255、255、255"；"高光光泽度"为"1.0"；"反射光泽度"为"1.0"；"细分"值设置为"8"，如图 3.39 所示。

图 3.39　镜子材质制作

## 3.3　灯光设置

（1）为场景设置主灯。由于场景比较小，不需要大量的筒灯来作照明，所以这里我们直接用 VRay面光作为场景的主光，创建面板点灯光　图标，在灯光类型里选择 Vray灯光类型，选中 VRay光源，创建 VRray灯光平面，在顶视图的位置如图 3.40 所示，前视图的位置如图 3.41 所示。

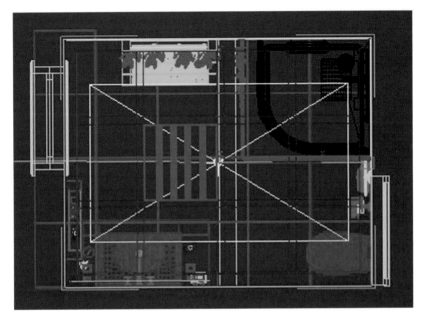

图 3.40　主灯光在顶视图的位置

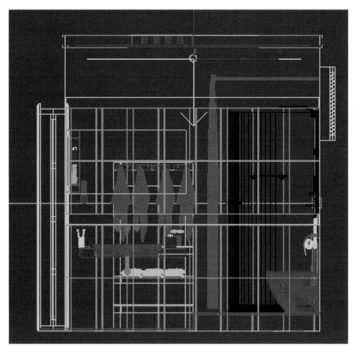

**图 3.41　主灯光在前视图的位置**

（2）选择刚才创建的主灯，在修改面板设置灯光的参数。调节灯光类型为平面，"名称和颜色" RGB为："225，225，173"，"大小"设置为"半长度""1040mm"，"半宽度""730mm"，如图 3.42 所示。

**图 3.42　主灯光参数设置**

（3）为场景设置补光。在创建面板标准灯光中选择泛光灯来为场景设置补光，并以实例的方式复制两个，泛光灯在顶视图的位置如图 3.43 所示，在前视图的位置如图 3.44 所示。

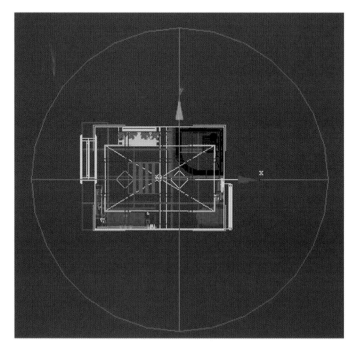

图 3.43　泛光灯在顶视图的位置

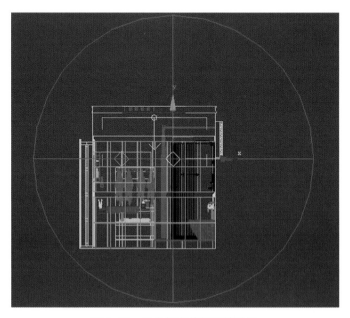

图 3.44　泛光灯在前视图的位置

（4）在灯光面板选择其中一个泛光灯，进入修改面板修改其参数，因为两个泛光灯是以实例方式进行复制，我们只需要修改其中一个参数，另一个泛光灯参数随之同步改变。勾选阴影，投影方式改为 VRayShadow，"倍增"为"0.2"，颜色为"浅蓝色"，RGB设置为"168、213、255"。开启"远距衰减"，勾选"使用"，"结束"设置 2840mm，设置灯光参数如图 3.45 所示。

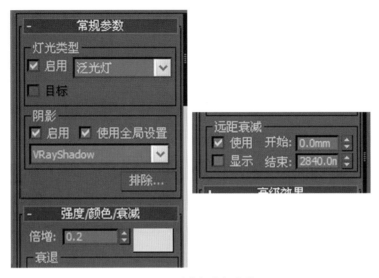

**图 3.45 泛光灯常规参数**

接下来设置 VRay阴影参数，设置区域阴影投影方式为盒体 U、V、W都设置为 500mm，如图 3.46 所示。

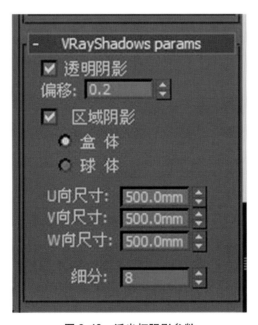

**图 3.46 泛光灯阴影参数**

（5）一般情况下窗口是有灯光照射进来的，所以要在窗口继续为场景设置补光，用 VRay面光来为窗口设置补光，在灯光面板创建一个 VRay面光，放置在窗口的位置，如图 3.47 所示。

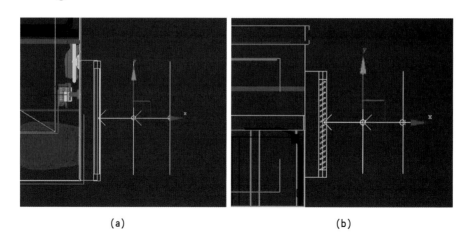

(a)　　　　　　　　　　　(b)

图 3.47　VRay 灯光位置

　　勾选阴影，投影方式改为 VRayShadows，"倍增器"设置为 4.0，颜色为"浅黄色"，RGB设置为"255、250、213"。"半长度"设置为"400mm"，"半宽度"设置为"340mm"，其他参数不变，如图 3.48 所示。

图 3.48　VRay 面光参数

　　将制作好的 VRay 面光复制一个设置其参数，勾选阴影，投影方式改为 VRayShadow，"倍增器"设置为"5.0"，"颜色"为"浅蓝色"，RGB设置为"151、205、255"。"半长度"设置为"400mm"，"半宽度"设置为"340mm"，其他参数不变，如图 3.49 所示。

图 3.49　VRay 面光参数修改

## 3.4　渲染设置并出图

（1）按下 F10 键打开渲染场景对话框，将默认扫描线渲染器修改为 VRay 渲染器，现在可以开始设置 VRay 参数了。

（2）在"VRay 全局开关"卷展栏中，去掉"隐藏灯光"的勾选，把"光线跟踪"中"二次光线偏移"设置为"0.01"，如图 3.50 所示。

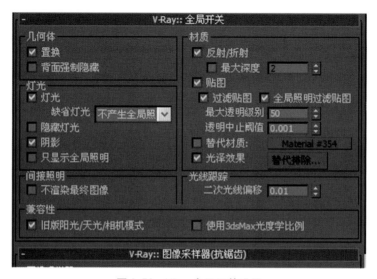

图 3.50　VRay 全局开关设置

（3）在"VRay图像采样器（抗锯齿）"卷展栏中，将"图像采样器"类型设置为"自适应DMC"，开启"抗锯齿过滤器"，设置为"Catmull-Rom"，"大小"设置为"4.0"，如图 3.51 所示。

图 3.51　VRay 图像采样器（抗锯齿）设置

选择了自适应DMC图像采样器以后，系统会相应显示其参数卷展栏，设置参数如图 3.52 所示。

图 3.52　VRay 自适应 DMC 图像采样器设置

（4）打开"VRay间接照明（全局照明）"卷展栏，开启全局照明，设置"首次反弹"—"倍增"为"1.0"，"全局光引擎"为"发光贴图"，"二次反弹"—"倍增"值为"0.8"，"全局光引擎"为"灯光缓存"，如图 3.53 所示。

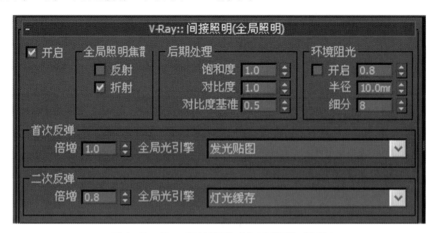

图 3.53　VRay 间接照明（全局照明）设置

打开"VRay发光贴图"卷展栏，将"当前预置"调至"高"，在"光子图使用模式"中，为其指定一个光子图文件，如图 3.54 所示。

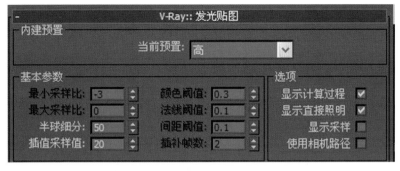

图 3.54　VRay 发光贴图设置

（5）打开"VRay颜色映射"卷展栏，将"类型"设置为"VR-指数"类型，"亮倍增"值为"1.2"，如图 3.55 所示。

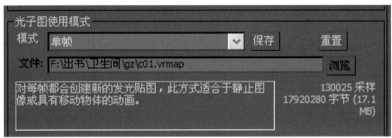

图 3.55　VRay 颜色映射设置

（6）打开"VRay DMC采样器"，设置"自适应数量"为"0.85"，"最少采样"值为"16"，"噪波阈值"为"0.005"，如图 3.56 所示。

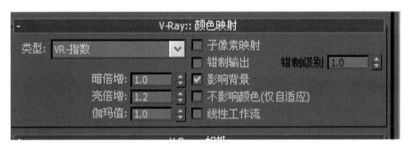

图 3.56　VRay　DMC 采样器设置

（7）打开"VRay环境"卷展栏，勾选开启"全局照明环境（天光）覆盖"，"倍增器"值设置为"1.4"，如图 3.57 所示。

图 3.57　设置环境参数

（8）切换视图至摄影机视图，同时按下键盘上的"shift+Q"组合键，打开快速渲染窗口，渲染效果如图 3.58 所示。

图 3.58　渲染设置后效果

（9）效果还不错，接着渲染成图，在渲染设置里调整最终输出尺寸，如图 3.59 所示。

图 3.59　设置出图尺寸

（10）单击工具栏中的"快速渲染"按钮，经过计算机的计算，得到最后渲染的效果图，如图 3.60 所示。

图 3.60　最终完成的效果图

## 本章小结

　　本课主要讲室内效果图制作步骤，并详细地介绍了它的制作流程。重点内容放在场景模型的制作上，通过线面挤出等方法完成室内模型，部分模型从外部模型库室合并进来，方法在第 1 章已经提到过。室内模型有很多细节效果需要注意，效果图制作的质量关键在细节，本章节也做了详细的讲解。通过本例可以详细地了解工作当中制作效果图的方法。并用 Vray 进行渲染，最后在 PhotoShop 中进行后期处理，得到最终的效果图。

## 实训题

该图为一公共卫生间，效果图的风格同本章实例相似，主要是训练学生在 3ds Max建模、材质、灯光等方面的运用能力，能够做到举一反三，灵活运用掌握的知识要点，表达设计师的设计意图。请同学们参照实例制作的方法将这个效果图制作出来，如图 3.61 所示。

图 3.61　公共卫生间

第 **4** 章

# 会客厅效果图制作

**教学目标**

　　本章通过会客厅效果图的制作，掌握导入CAD图来制作3ds室内模型的方法，掌握材质制作方法以及特定效果的灯光和渲染设置方法，重点掌握程序贴图和VRay材质设置方法，通过案例制作来加强对命令的理解，最终达到熟练应用VRay材质的能力。

**教学要求**

| 能力目标 | 知识要点 | 权重 | 自测分数 |
|---|---|---|---|
| 能够通过导入CAD图精准制作模型 | 线挤出三维实体，倒角剖面、连接、面挤出 | 15% | |
| 掌握程序贴图及VRay的材质设置方法 | 利用黑白通道、blend程序贴图制作磨花水银镜材质 | 40% | |
| 掌握灯光及渲染 | 用VRay球光模拟吊灯光源，VRay天光的设置 | 30% | |
| 渲染完成室内效果图 | 理清制作思路，按步骤制图 | 15% | |

【章前导读】

首先看效果图，如图 4.1 所示。

图 4.1　会客厅效果图

这是用 3ds Max 软件模拟制作的白天一个小会客厅的效果图，整个画面以简结偏天蓝色调为主。本章将介绍把 CAD 图导入 3ds Max 中进行模型制作的过程，重点介绍程序贴图和 VRay 材质设置方法。接下来让我们来看看它的制作流程，如图 4.2 所示。

（a）会客厅模型制作

（b）会客厅材质制作

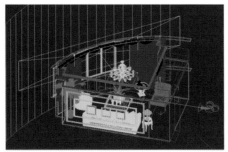

（c）会客厅灯光设置

（d）会客厅渲染设置并出图

图 4.2　范例制作流程

## 4.1 会客厅模型制作

在制作会客厅之前，我们看一下客户提供的资料及客户的一些要求。客户提供的一个会客厅完整 Auto CAD 施工图，平立剖面如图 4.3 所示。

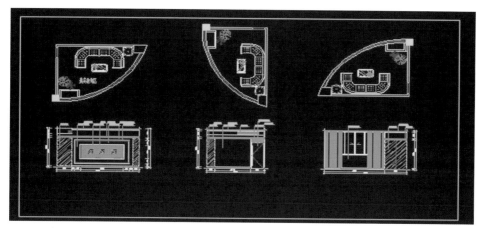

图 4.3 平立剖面

（1）用导出的 AutoCAD 图建墙体模型如图 4.4 所示。

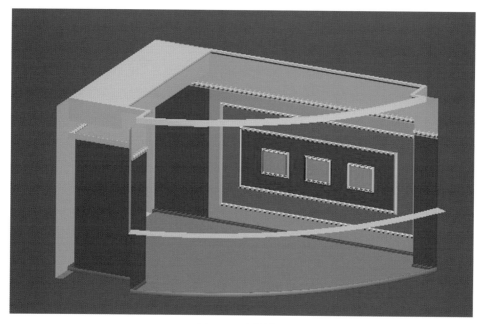

图 4.4 墙体模型

（2）根据场景调入沙发、窗帘、植物等模型后的效果如图 4.5 所示。

图 4.5　调入相应模型，赋材质后的效果图

## 4.2　会客厅材质制作

### 1. 复合地板材质制作

　　材质类型指定 VRayMtl 材质，为其添加漫反射贴图，设置"漫反射"RGB值为："130、102、79"，"反射"RGB值为："35、35、35"，"高光光泽度"为"1.0"，"反射光泽度"为"0.9"，"细分"为"8"。在"贴图"卷展栏中，将漫反射里贴图拖曳复制到凹凸贴图里，"凹凸"数值为"15"，将凹凸贴图参数内"模糊"值设置为"0.1"，如图 4.6 所示。

图 4.6　复合地板材质贴图设置

渲染后效果如图 4.7 所示。

**图 4.7 复合地板材质贴图设置效果**

## 2．踢角线材质制作

为材质球指定 VRayMtl 材质，设置其"漫反射"的 RGB 值为："174、92、32"，"反射"RGB 为："27、27、27"，"高光光泽度"为"1.0"，"反射光泽度"为"0.6"，"细分"为"8"，如图 4.8 所示。

**图 4.8 踢角线材质**

## 3．磨花水银镜材质

磨花水银镜的材质具有镂空效果，这里为材质球指定 Blend 材质，我们用混合通道贴图来制作磨花水银镜的材质，这种材质既有反射效果，本身又有花纹，是现在装饰材料中常用的材质，如图 4.9 所示。

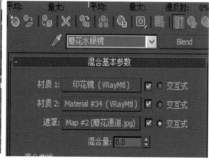

**图 4.9 磨花水银镜材质**

在 Blend材质的混合基本参数中，为材质1指定印花镜材质，并将其指定 VRayMtl材质，设置其"漫反射"RGB为："128、128、128"；"反射"RGB为："255、255、255"；"高光光泽度"为"0.85"；"反射光泽度"为"1.0"；"细分"为"8"。材质2，如图4.10所示。为材质2指定 VRayMtl材质，设置"漫反射"RGB为："225、225、225"；"反射"RGB为："0、0、0"；"高光光泽度"为"1.0"；"反射光泽度"为"1.0"；"细分"值为"8"，效果如图4.11所示。

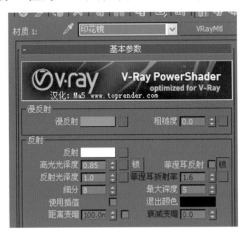

图 4.10　印花镜材质

图 4.11　材质 2 设置参数

为材质3指定磨花通道贴图，如图4.12所示。

图 4.12　通道贴图

渲染后效果如图4.13所示。

图 4.13　磨花水银镜材质贴图设置效果

### 4．水曲柳手扫漆材质

　　将材质指定 VRayMtl材质，为其添加贴图，设置"漫反射"RGB为："185、185、185"；并为其指定贴图 10 副本 .jpg。"反射"RGB为："35、35、35"；"高光光泽度"为"1.0"；"反射光泽度"为"0.95"；"细分"值为"8"，如图 4.14 所示。

图 4.14　水曲柳手扫漆材质

渲染后效果如图 4.15 所示。

图 4.15　水曲柳手扫漆材质贴图设置效果

## 5．浅灰色乳胶漆材质

指定 VRayMtl材质，设置"漫反射"RGB为："102、102、102"；其他参数不变，如图 4.16 所示。

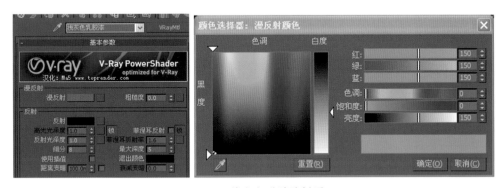

图 4.16　浅灰色乳胶漆材质

## 6．白色乳胶漆材质

指定 VRayMtl材质，设置"漫反射"RGB为："255、255、255"；其他参数均不变，如图 4.17 所示。

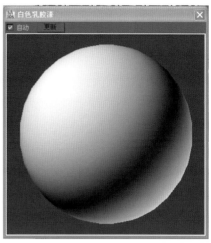

图 4.17　白色乳胶漆材质

## 7. 沙发背景印花墙材质

指定 VRayMtl材质，设置"漫反射"RGB为："225、225、225"，"反射"RGB为："0、0、0"，在后面为其添加沙发背景印花墙图案贴图，"高光光泽度"为"0.72"，"反射光泽度"为"0.9"，"细分"值为"8"，如图 4.18 所示。

图 4.18　沙发背景印花墙材质

渲染后效果如图 4.19 所示。

图 4.19　沙发背景印花墙材质效果

## 8．银色金属相框材质

指定 VRayMtl材质，设置"漫反射"RGB为："82、82、82"；"反射"RGB为："15、15、15"；"高光光泽度"为"1.0"；"反射光泽度"为"0.95"；"细分"值为"8"，如图 4.20 所示。

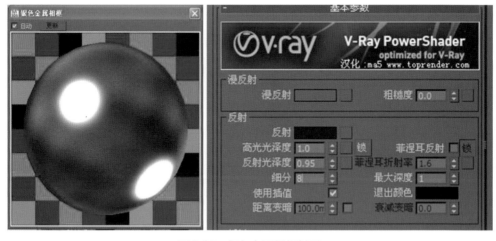

图 4.20　银色金属相框材质

## 9．相框贴图材质

指定 VRayMtl材质，设置"漫反射"RGB为："128、128、128"；为其指定一个相框贴图，其他参数为默认值，如图 4.21 所示。

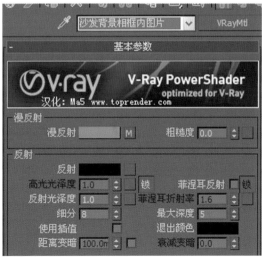

图 4.21　相框贴图材质

渲染后效果如图 4.22 所示。

图 4.22　相框贴图材质效果

## 10．窗户玻璃材质

指定 VRayMtl材质，设置"漫反射"RGB为："82、82、82"；"反射"RGB为："15、

15、15"；"高光光泽度"为"1.0"；"反射光泽度"为"0.95"；"细分"值为"8"。"折射"RGB为："225、225、225"，如图 4.23 所示。

图 4.23　窗户玻璃材质

## 11. 窗框材质

指定 VRayMtl 材质，设置"漫反射"RGB为："225、225，225"；"反射"RGB为："68，68，68"；"高光光泽度"为"1.0"；"反射光泽度"为"0.9"；"细分"为"8"。效果如图 4.24 所示。

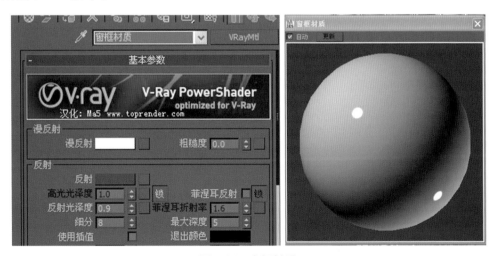

图 4.24　窗框材质

渲染后效果如图 4.25 所示。

图 4.25　窗框材质渲染效果

## 12.轻纱窗帘材质

　　指定 VRayMtl双面材质,因为在场景中轻纱窗帘是单线挤出成面的,如果不是双面材质会表现为一面有材质,一面没有材质。正面材质指定为 VRayMtl材质,如图 4.26所示。

图 4.26　轻纱窗帘材质

　　设置漫反射 RGB为:"225、225,225";为其指定 Output贴图,"输出量"设置为"3.0",其他各项参数不变,如图 4.27所示。

图 4.27　指定 VRayMtl 双面材质

### 13. 褐色窗帘材质

指定 VRayMtl 材质，设置"漫反射"RGB 为："56、46、40"；"反射"RGB 为："30、30、30"；"高光光泽度"为"0.6"；"反射光泽度"为"0.7"；"细分"为"15"。在漫反射后面加入衰减贴图，深褐色 RGB 为："46、35、28"，浅褐色 RGB 为"100、85、76"，"衰减类型"为"Fresnel"，如图 4.28 所示。

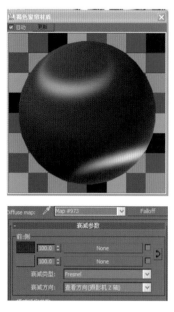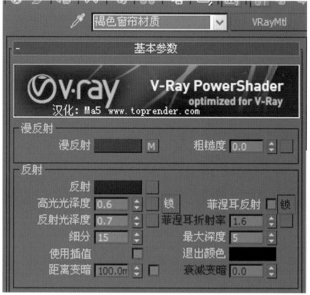

图 4.28　褐色窗帘材质

渲染后效果如图 4.29 所示。

图 4.29　褐色窗帘材质效果

## 14. 沙发布材质

指定 VRayMtl材质，设置“漫反射”RGB为：“172、155，127”，为其指定“沙发布材质”贴图，复制沙发布材质到凹凸通道里，其他的参数不变，如图 4.30 所示。

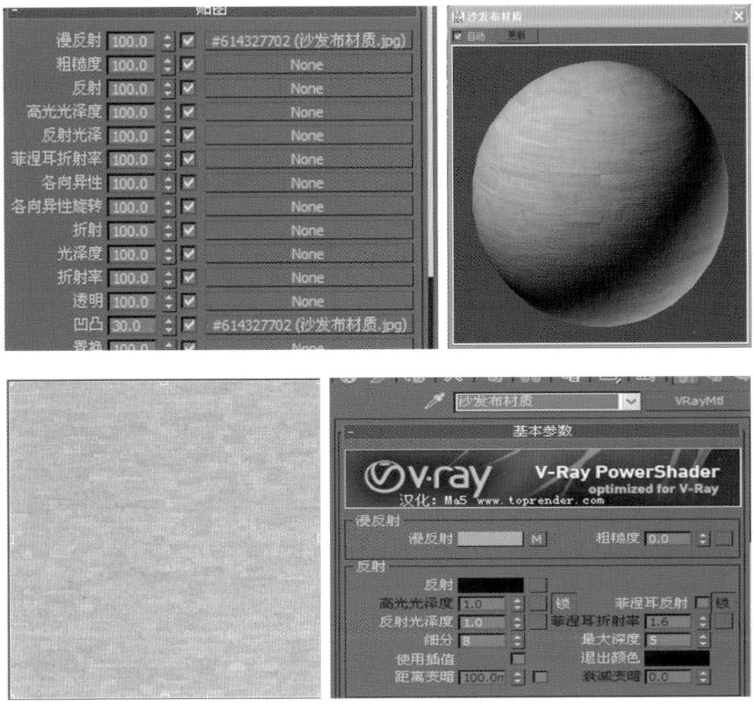


图 4.30 沙发布材质

## 15. 青色抱枕材质

指定 VRayMtl材质，设置“漫反射”RGB为：“128、128，128”；在后面添加抱枕花布材质，“反射”RGB为：“67、67，67”；“高光光泽度”为“1.0”，“反射光泽度”为“0.8”，“细分”为“8”。复制抱枕花布材质到凹凸通道里，模拟枕头纹理的凹凸感。效果如图 4.31 所示。

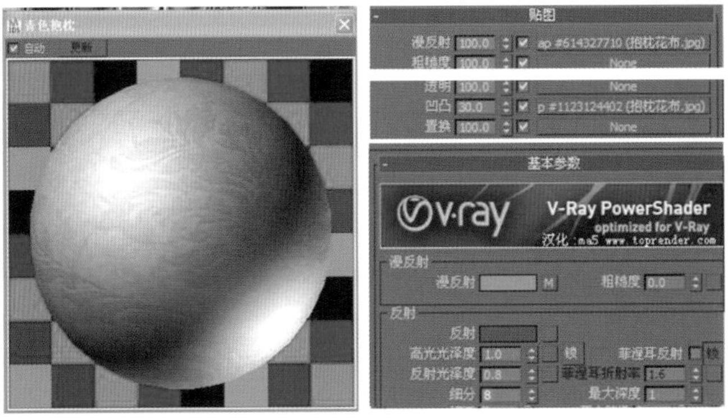


图 4.31 青色抱枕材质

### 16．白色抱枕材质

指定 VRayMtl材质，设置"漫反射"RGB为："242、242，242"；在凹凸通道里添加一张布艺—暗白格子贴图，模拟枕头纹理的凹凸感，其他参数不变，如图4.32所示。

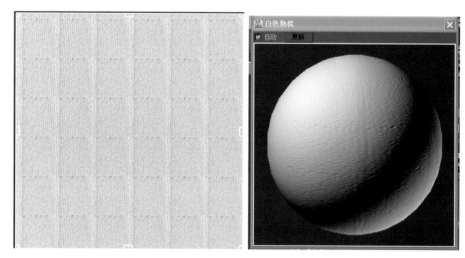

**图4.32　白色抱枕材质**

### 17．毛地毯材质

指定 VRayMtl材质，设置"漫反射"RGB为："128、128，128"；添加一张地毯贴图，把地毯贴图复制一张到凹凸通道里，"凹凸"值为"100"，其他参数不变，如图4.33所示。

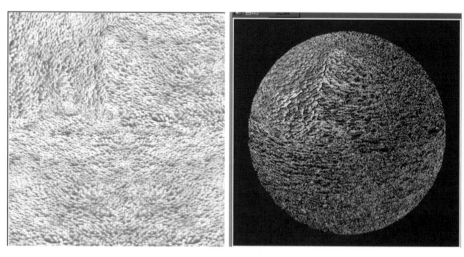

**图4.33　地毯材质**

渲染后效果如图4.34所示。

图 4.34 毛地毯材质效果

## 18. 黑色茶几台面材质

指定 VRayMtl材质，设置"漫反射"RGB为："22、22，22"；在后面添加抱枕花布材质，"反射"RGB为："131、131、131"；"高光光泽度"为"0.7"，"反射光泽度"为"0.85"，"细分"为"15"。在反射里加入衰减，"衰减类型"为"Fresnel"，如图 4.35所示。

图 4.35 黑色茶几台面材质

### 19. 花梨木桌椅褪材质

指定 VRayMtl材质，设置"漫反射"RGB为："255、255，255""反射"RGB为："49、48、48"；"高光光泽度"为"1.0"，"反射光泽度"为"0.8"，"细分"值为"8"，如图 4.36 所示。

**图 4.36　花梨木桌椅褪材质**

### 20. 花瓶玻璃材质

指定 VRayMtl材质，设置"漫反射"RGB为："128、150，155"；"反射"RGB为："42、42、42"；"高光光泽度"为"0.75"，"反射光泽度"为"0.88"，"细分"为"10"。效果如图 4.37 所示。

**图 4.37　花瓶玻璃材质**

渲染后效果如 4.38 所示。

**图 4.38　花瓶玻璃材质效果**

## 21. 灯灰色金属材质

指定 VRayMtl材质，设置"漫反射"RGB为："70、70，70"；"反射"RGB为："111、110、108"；"高光光泽度"为"1.0"，"反射光泽度"为"0.9"，"细分"为"15"。效果如图 4.39 所示。

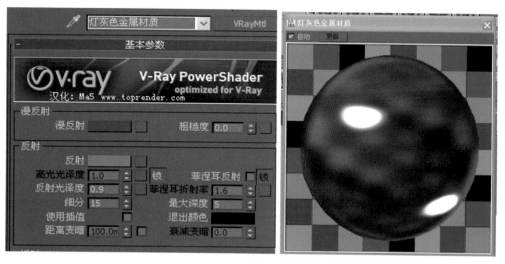

**图 4.39　灯灰色金属材质**

## 22. 白灯罩材质

指定 VRayMtl材质，设置"漫反射"RGB为："243、243，243"；"反射"RGB为：

"0、0、0";"高光光泽度"为"1.0","反射光泽度"为"1.0","细分"值为"8";"折射"RGB为"0、0、0",为其指定衰减贴图,衰减前、侧颜色为灰、黑,"灰色"RGB为"91、91、91","黑色"RGB为"3、3、3"。"光泽度"为"0.8","细分"值为"8",如图 4.40 所示。

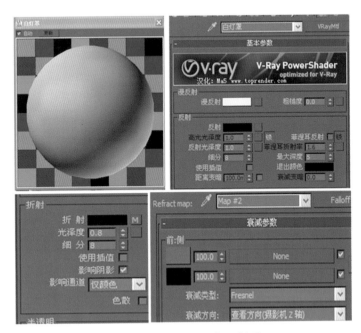

图 4.40　白色半透明灯罩材质

## 23. 白色半透明灯罩材质

指定 VRayMtl材质,设置"漫反射"RGB为:"255、255,255";"反射"RGB为:"56、56、56";"高光光泽度"为"1.0","反射光泽度"为"0.97","细分"值为"8";"折射"RGB为"231、231、231"。效果如图 4.41 所示。

图 4.41　白色半透明灯罩材质

渲染效果如图 4.42 所示。

**图 4.42 灯罩材质效果**

## 24．黄铜烛台材质

指定 VRayMtl 材质，设置"漫反射"RGB 为："130、99、40"；"反射"RGB 为："77、53、38"；"高光光泽度"为"0.8"，"反射光泽度"为"0.9"，"细分"值为"5"。效果如图 4.43 所示。

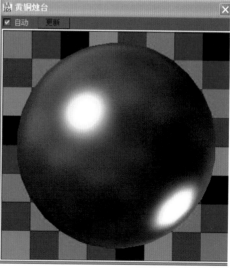

**图 4.43 黄铜烛台材质**

渲染效果如图 4.44 所示。

图 4.44　黑色茶几台面黄铜烛台材质效果

## 4.3　灯光设置

分析场景：场景是一个扇形小会客厅，场景比较小，又是白天，所以不需要用筒灯来照亮环境，我们还是以 VRay的面光为主光、吊灯的点光为辅光，VR天光作为环境光。

### 1. 设置相机

在设置灯光之前我们首先为场景设置一个相机，相机在顶视图的位置如图 4.45 所示，相机在前视图的位置如图 4.46 所示。

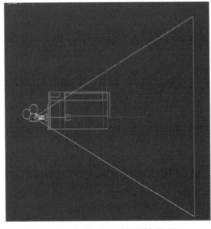
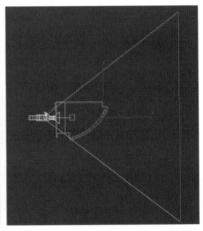

图 4.45　相机在顶视图的位置　　图 4.46　相机在前视图中的位置

相机参数：在相机中采用目标摄影机，"镜头"用"24mm"，由于场景比较小，在这里还用了剪切平面，"近距剪切"为"1500mm"，"远距剪切"为"15000mm"。目标摄影机高970mm，如图4.47所示。

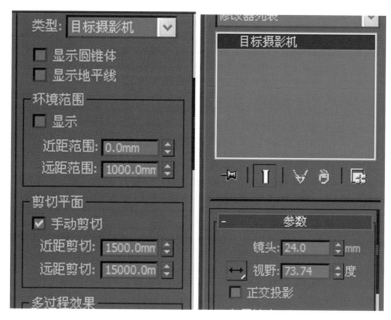

图 4.47 相机参数

设置相机后，相机视角位置效果如图4.48所示。

图 4.48 相机视角位置效果

## 2．放置灯光

灯光在相机视图的位置如图4.49所示，在顶视图的位置如图4.50所示。

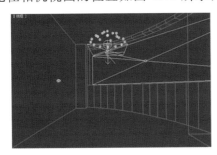

图4.49　放置灯光图

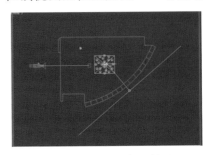

图4.50　灯光顶视图位置

我们分别在吊灯和茶几上的台灯里面放置了光源，从图可以看到场景中都是只有两种光，窗口是用VRay面光源，另一种是VRay球体光为作吊灯的点光源。

（1）吊灯上的灯光的位置放置于白色灯管中间，如图4.51所示。

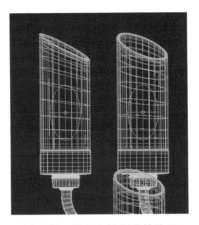

图4.51　吊灯上的灯光的位置

灯光参数如图4.52所示。

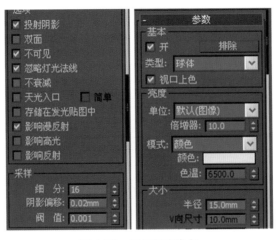

图4.52　吊灯灯光参数

吊灯中的点光采用球体 VRay 灯光来照明，"倍增器"为"10"，"半径"为"15mm"，颜色 RGB 为"255、234、206"，采样细分为"16"。

（2）放置吊灯之下的主面光源设置，如图 4.53 所示。

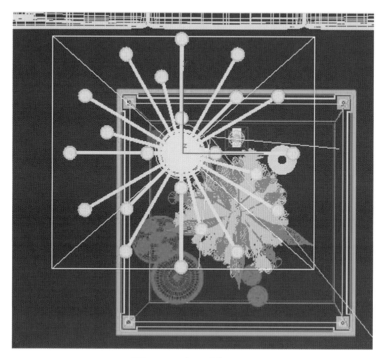

**图 4.53 主面光源设置**

灯光参数如图 4.54 所示。室内主光用 VRay 面光来照明，"倍增器"为"8.0"，"半长度"为"610mm"，"半宽度"为"530mm"，颜色 RGB 为"255、240、217"，"采样"—"细分"为"20"。

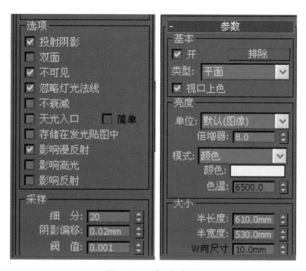

**图 4.54 灯光参数**

（3）放置于台灯灯罩中间的 VR 球光，如图 4.55 所示。

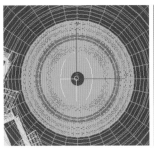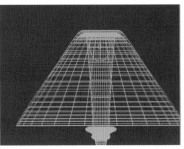

图 4.55　VR 球光

灯光参数如图 4.56 所示。

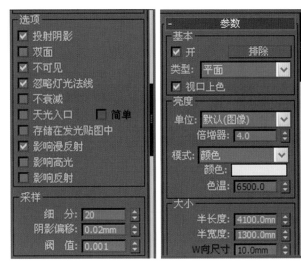

图 4.56　VR 球光参数

台灯点光用 VRay 球光来照明，"倍增器"为 4.0，"半长度"为 4100mm，"半宽度"为 1300mm，颜色 RGB 为 253、170、103。"采样""细分"为"20"。

（4）放置于室外弧形窗的主面光源，如图 4.57 所示。

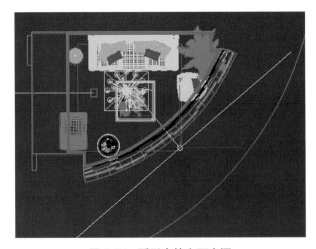

图 4.57　弧形窗的主面光源

光源参数设置如图 4.58 所示。

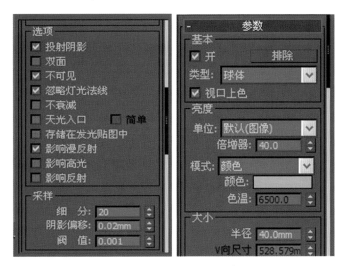

**图 4.58　室外弧形窗光源参数**

吊灯中的点光采用球体 VRay 灯光来照明，"倍增器"为"40.0"，"半径"为"40mm"，颜色 RGB 为"220、230、255"。采样细分为"20"。

（5）设置窗外背景贴图模型，顶视图中画弧挤出，法线翻转设置参数如图 4.59 所示。

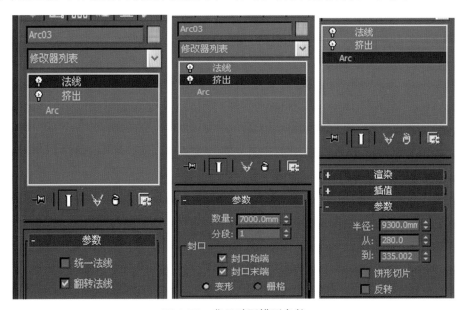

**图 4.59　背景贴图模型参数**

在各种角度视图中的位置如图 4.60 和图 4.61 所示。

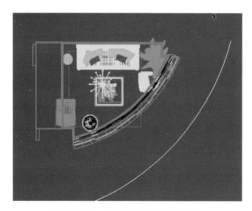

图 4.60　在顶视图中的位置

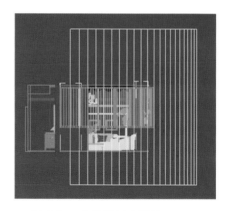

图 4.61　在前视图中的位置

## 3. 制作背景贴图

（1）在材质编辑器中，指定一个材质为"VR_发光材质"，如图 4.62 所示。

图 4.62　设置背景 VR_发光材质

（2）在参数栏，颜色的后面指定一个天空贴图,如图 4.63 所示。

图 4.63　指定背景贴图

（3）赋予弧形背景贴图模型后的效果如图 4.64 所示。

图 4.64 指示背景贴图后的效果

## 4.4 渲染设置并出图

（1）按 F10 键进入渲染面板，在"VR_基项"卷展栏进行参数设置，VR全局开关参数如图 4.65 所示，VR图像采样器（抗锯齿）参数如图 4.66 所示，VR固定图像采样器和环境参数如图 4.67 所示。

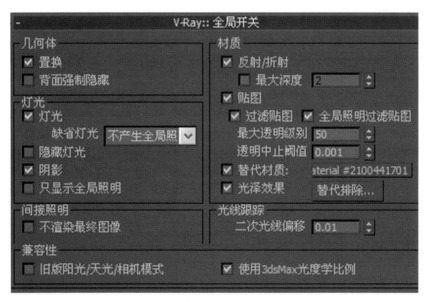

图 4.65 V—Ray：全局开关设置

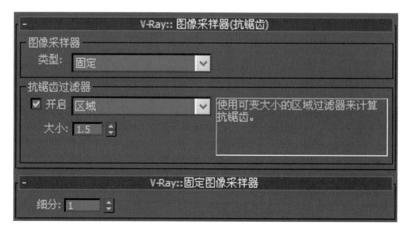

图 4.66　V-Ray：图像采样器（抗锯齿）设置

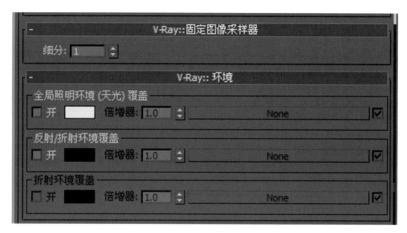

图 4.67　V-Ray：固定图像采样器和环境设置

**提示**

注意：这里我们没有设置全局照明环境（天光）覆盖，是因为后面我们将为场景设置 VR 天光照明。

（2）颜色映射中曝光类型我们改为 VR-Reinhard，使用 VR-Reinhard的好处是图像色彩比较适中，不会过于亮，也不会过于暗，"倍增"设置为"1.0"，"燃烧值"为"0.75"；测试效果后我们再来设置，它相当于Photoshop里的亮度对比度的设置，如图 4.68 所示。

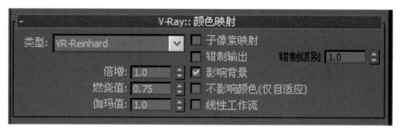

图 4.68　V-Ray：颜色映射设置

（3）VR_间接照明卷展栏参数设置，开启全局光照明，如图 4.69 所示。

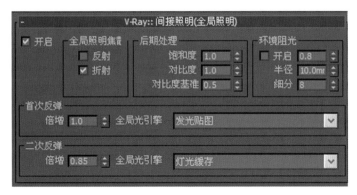

图 4.69　V-Ray：全局照明设置

（4）设置发光贴图，如图 4.70 所示。

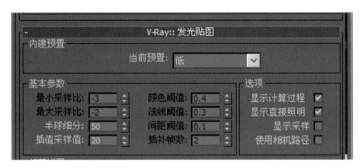

图 4.70　V-Ray：发光贴图设置

**提示**

　　因为这里是测试渲染，为了节约时间所以"当前预置"设置为低，勾选"显示计算过程"、"显示直接照明"，这样可以及时看到灯光传递过程中的一些问题，及时发现并修改。

（5）设置灯光缓存，如图 4.71 所示。

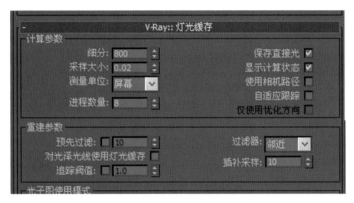

图 4.71　V-Ray：灯光缓存设置

**提示**

　　这里灯光的"细分"，与"采样大小"都设置得比较低，这是因为此时我们只是为了加快测试渲染速度，并查看灯光传递的范围，并不是最终出大图。同样这里勾选"显示计算状态"，"保存直接光"。

（6）VR_设置卷展栏参数设置，如图 4.72 所示。

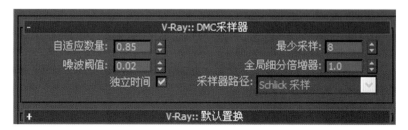

图 4.72　V—Ray：DMC 采样器

**提示**

　　"自适应数量"的值一般不怎么调，一般情况下它都能满足渲染输出的需要；但"噪波阈值"就不一样了，噪波阈值越小，图越精细，渲染时间越长，它的设置要求是能满足客户用图为宜，不宜设置得过小，这样会浪费很多时间；最少采样是设置得越大越精细，渲染速度越慢。

（7）按大键盘中的数字 8 键，进入"环境与效果"卷展栏，为背环境贴图指定 VR_天空，如图 4.73 所示。

图 4.73　在环境和效果中指定 VR_天空

（8）以实例的方式把 VR_天空复制一个到材质编辑器中，参数设置如图 4.74 所示。

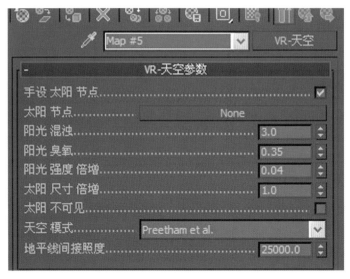

**图 4.74　VR_天空参数设置**

（9）在公用卷展栏中设置渲染出图大小为 640mm、480mm，VR渲染面板测试参数设置完后的渲染效果如图 4.75 所示。

**图 4.75　初调参数测试后的效果**

（10）最终渲染设置。我们在测试渲染的基础上来更改设置，VR_基项卷展栏设置如图 4.76 所示。

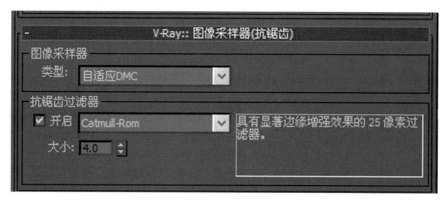

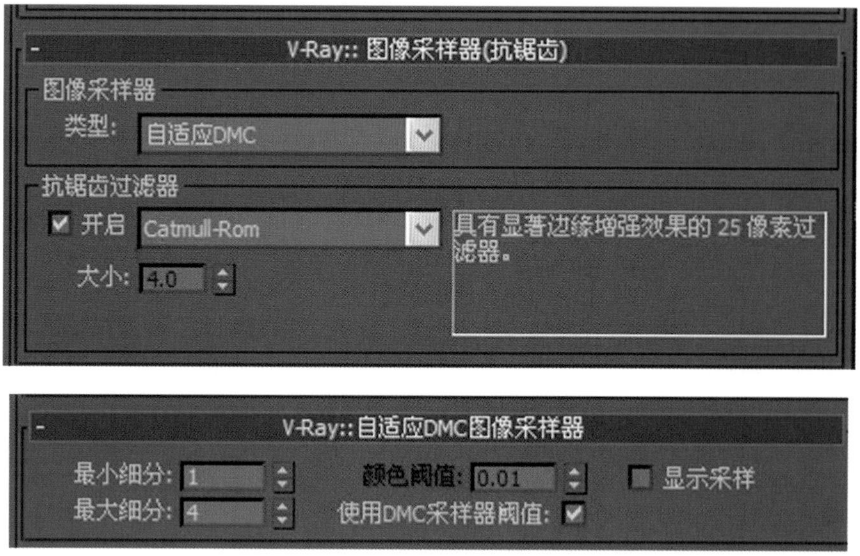

图 4.76　最终渲染图像采样器与自适应 DMC 图像采样器设置

图像采样器（抗锯齿）设置，如图 4.77 所示。

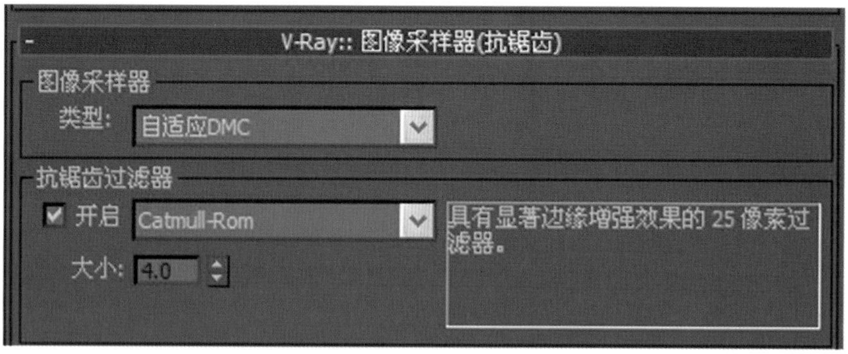

图 4.77　最终渲染图像采样器（抗锯齿）设置

发光贴图卷展栏中的参数设置，如图 4.78 所示。

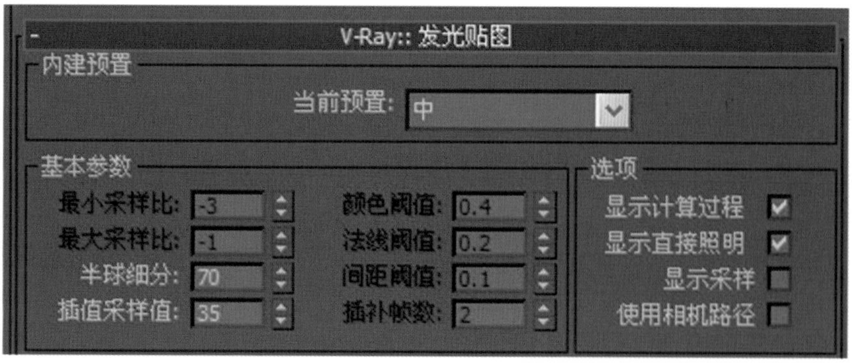

图 4.78　最终渲染发光贴图设置

光子图使用模式参数设置如图 4.79 所示。

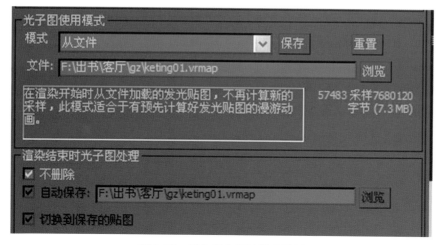

**图 4.79　调入保存好的发光贴图**

灯光缓存卷展栏中的参数设置如图 4.80 所示。

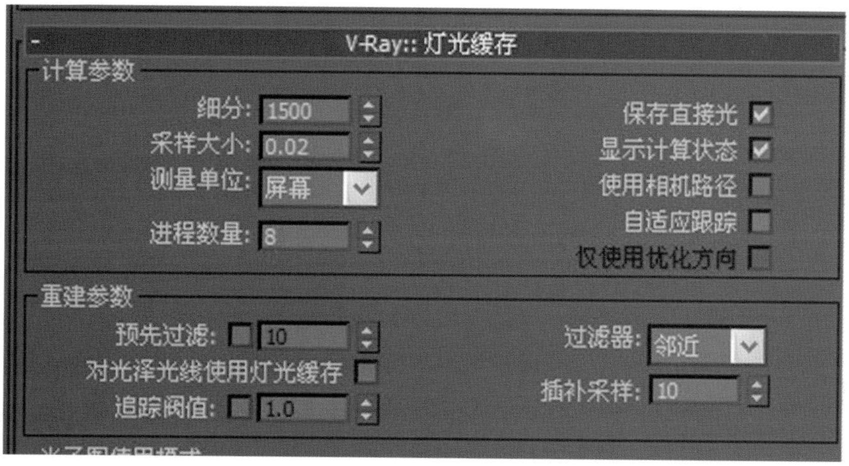

**图 4.80　最终渲染灯光缓存设置**

最后调入保存好的灯光缓存贴图，如图 4.81 所示。

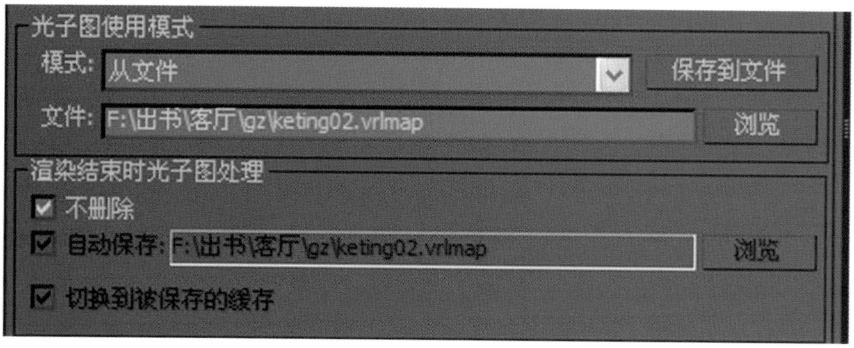

**图 4.81　调入保存好的灯光缓存贴图**

VR_设置卷展栏中的参数设置，如图 4.82 所示。

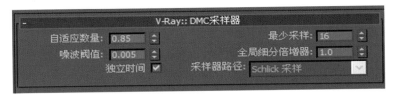

图 4.82　最终渲染 DMC 采样器的设置

设置最终出图文件大小，并保存路径的设置，如图 4.83 所示。

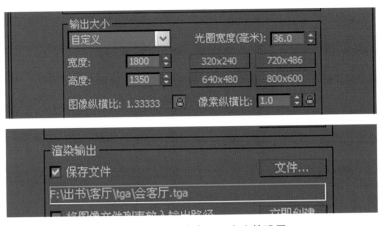

图 4.83　最终渲染成品图大小的设置

再进行线框颜色通道，渲染输出成品大图，如图 4.84 所示。

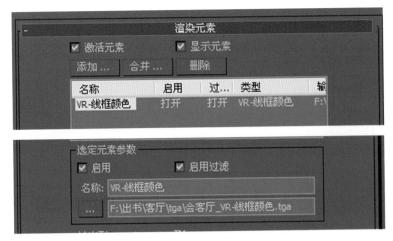

图 4.84　线框通道渲染设置

完成上述步骤后，进行渲染输出。最终效果如图 4.85 所示。

图 4.85 最终效果图

## 本章小结

在本章中主要有两个难点：一是 Blend 混合贴图的使用；二是 VRay 材质的制作。这两个操作都比较难。同学们要注意多练习，熟能生巧。在以后的工作中会经常遇到的，这是比较实用的制作方法！

## 实训题

要求：一个会客厅 Auto CAD 施工图，同学们可以拿出来参照练习。该图为一客厅，主要是训练学生在 3ds Max 导入 Auto CAD 建模，材质设置，灯光渲染输出等方面的运用能力，希望能够做到举一反三，灵活运用掌握的知识要点表达设计师的设计意图（图 4.86）。

图 4.86　会客厅效果图

第 **5** 章

# 简约儿童房效果图制作

**教学目标**

　　本章通过儿童房效果图的制作，在工作过程中掌握室内各种3ds中常用修改器及复合模型制作方法、材质制作方法以及特定效果的灯光和渲染设置方法，重点掌握部分常用修改器命令对于模型参数的修改方法，通过案例制作来加强对命令的理解，最终达到能够独立制作室内效果图的能力和要求。

**教学要求**

| 能力目标 | 知识要点 | 权重 | 自测分数 |
|---|---|---|---|
| 了解基本模型的创建 | 利用FD3×3×3的修改器来制作模型 | 15% | |
| 掌握动力学布料的制作方法 | 运用动力学布料来制作床单 | 30% | |
| 掌握材质设置方法 | 材质的设置方法及各种参数的修改 | 15% | |
| 掌握灯光及渲染 | 布光原则及渲染参数设置 | 20% | |
| 能够熟练制作相关模型 | 利用多种建模方法创建模型 | 20% | |

【章前导读】

首先看效果图，如图 5.1 所示。

图 5.1　白天儿童房效果图

这是用 3ds Max 软件模拟制作的儿童房效果图，整个画面以暖色调为主，场景比较简单，材质相对来说也比较简单，本章着重介绍动力学制作模型的方法。接下来看看它的制作流程，如图 5.2 所示。

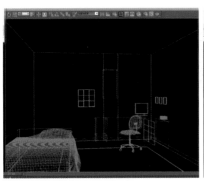

（a）儿童房模型制作

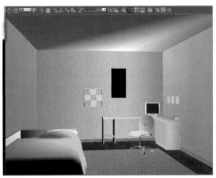

（b）儿童房材质制作

（c）儿童房灯光设置

（d）儿童房渲染设置并出图

图 5.2　范例制作流程

在制作儿童房模型之前，我们把复杂的模型再次进行拆分，从墙体开始，再到内部构件，最后是各种家具的制作。

### 1. 墙面模型制作

（1）启动 3ds Max 2010 软件，设置系统单位为毫米，如图 5.3 所示。

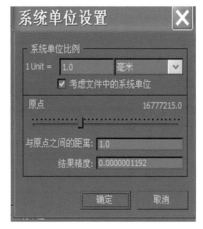

**图5.3　系统单位设置**

（2）在创建面板<!-- icon -->的图形<!-- icon -->中选择矩形 矩形 命令，在顶视图中绘制一个长4000mm，宽 5000mm 的矩形，作为墙面模型，如图 5.4 所示。

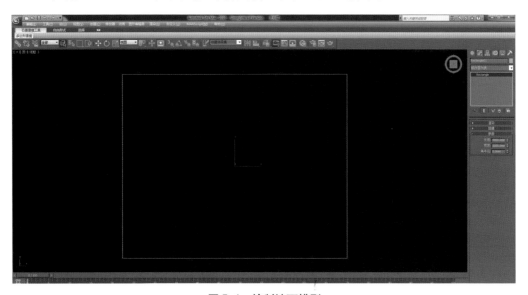

**图5.4　绘制墙面模型**

### 2．墙体模型制作

（1）将矩形转化为可编辑样条线，然后选择线段层级。选中如图 5.5 所示的线段将其删除。

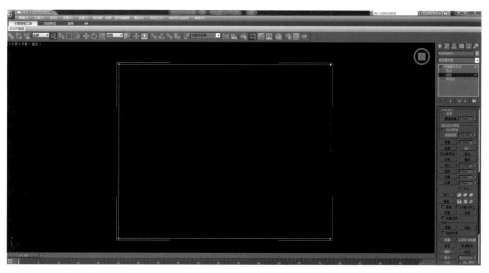

**图 5.5　绘制墙面图形**

（2）选择样条线层级在修改面板 ☑ 中样条线次物体层级为其增加轮廓命令，设置轮廓数值为 240mm。然后为其增加挤出命令，设置挤出命令的数量值为 2800mm，如图 5.6 所示。

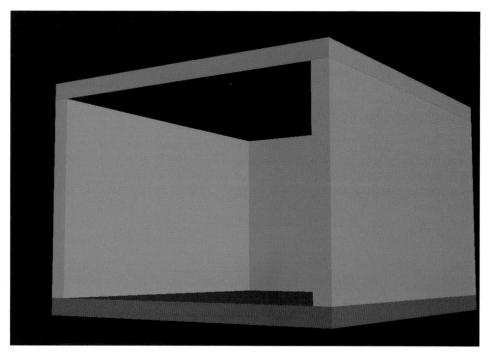

**图 5.6　生成墙体模型**

（3）切换视图至顶视图，在创建面板■的几何形体○中选择长方体命令，为墙体绘制出两个地面，如图 5.7 所示。

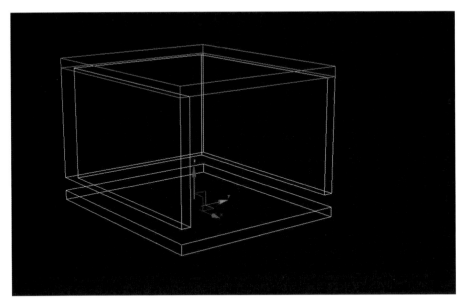

图 5.7　绘制地面和天花板

（4）切换视图至顶视图，在创建面板■的图形○中选择样条线中的线命令，在两侧绘制踢脚线的图形，选择绘制好的线并在修改面板■中为其增加挤出命令，然后设置数量的值为 80mm，使绘制的图形产生三维效果。效果如图 5.8 所示。

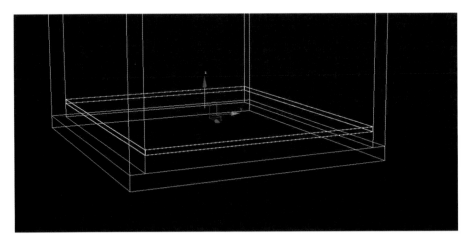

图 5.8　绘制踢脚线图形

---

| 提示 |
| --- |

　　轮廓命令为样条线创建一个副本。可以用微调器将样条线向两侧偏移复制生成副本，也可以使用鼠标拖曳生成副本。如果样条线不是封闭曲线，对其进行轮廓操作后将自动闭合。挤出命令将厚度添加给二维图形，使其变成三维物体。

（5）在左视图中，使用图形下的矩形命令制作窗户，设置长 1300mm，宽 500mm，矩形如图 5.9 所示。

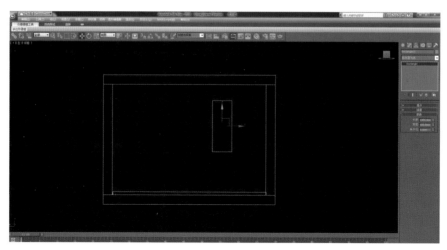

**图 5.9　窗户制作**

（6）在修改菜单中给矩形添加挤出命令。然后用墙体给这个矩形做几何体里的复合对象里的布尔运算 布尔 。效果如图 5.10 所示。

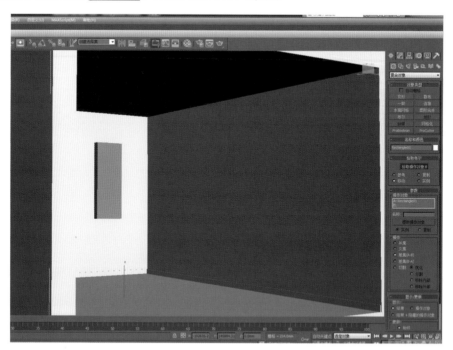

**图 5.10　墙体布尔运算**

## 3. 室内细部装饰构件制作

（1）书桌制作。在顶视图中使用图形命令中的矩形绘制书桌轮廓，设置长 2000mm，宽 1500mm，矩形如图 5.11 所示。

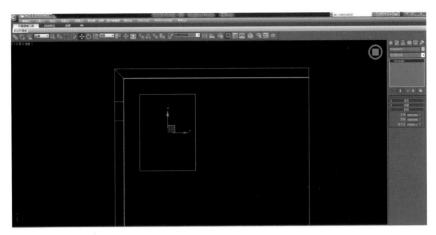

图 5.11　绘制书桌轮廓

然后配合编辑样条线命令和挤出命令编辑制作出三维模型，如图 5.12 所示。

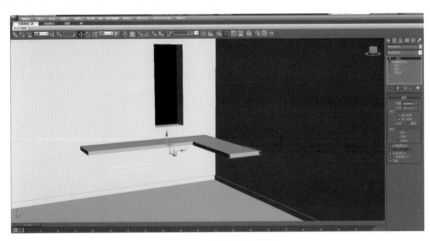

图 5.12　生成书桌模型

开启边的捕捉命令，将其移动到相应位置，如图 5.13 所示。

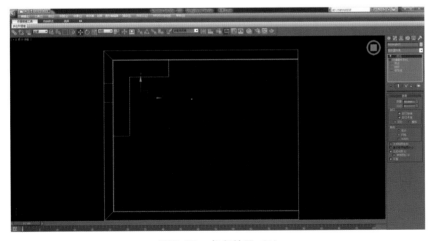

图 5.13　书桌效果（1）

用创建面板下的几何形体里的长方体来制作书桌的桌腿部分，如图 5.14 所示。

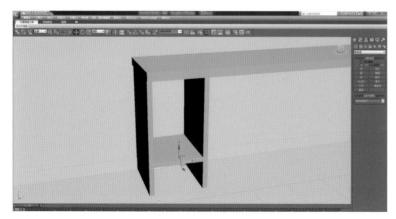

图 5.14 书桌效果 (2)

用创建面板下的几何形体里的长方体来制作书桌的桌身部分，如图 5.15 所示。

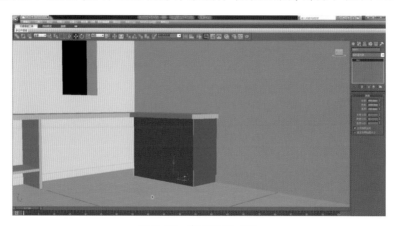

图 5.15 书桌效果 (3)

用创建面板下的几何形体里的长方体和圆柱体来制作书桌的抽屉部分，如图 5.16 所示。

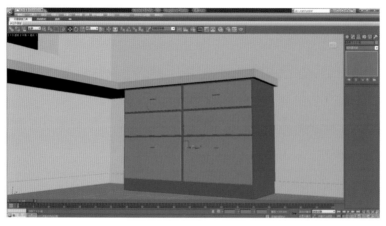

图 5.16 书桌效果 (4)

（2）书桌上的书本制作。使用创建面板里的图形命令中的矩形，制作书的模型，效果如图 5.17 所示。

图 5.17　书本模型效果（1）

使用样条线中的编辑命令圆角调整线条的形状，效果如图 5.18 所示。

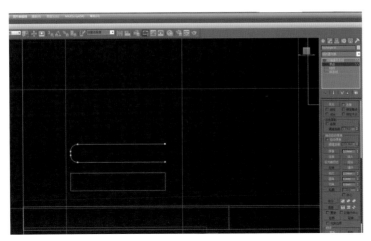

图 5.18　书本模型效果（2）

对样条线使用轮廓命令，然后将其挤压，效果如图 5.19 所示。

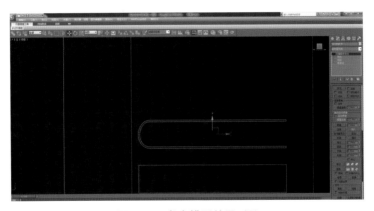

图 5.19　书本模型效果（3）

创建一个长方体将其转换为可编辑多边形，对其调整点，效果如图 5.20 所示。

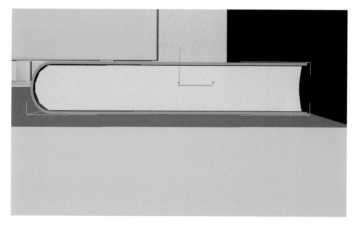

图 5.20　书本模型效果（4）

制作完成后的书本效果如图 5.21 所示。

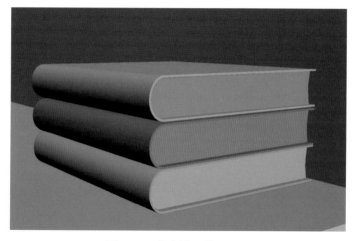

图 5.21　书本模型效果（5）

（3）切换视图至前视图，使用长方体命令绘制显示器形状，然后使用编辑多边形命令中的挤出和倒角操作，完成显示器细部制作，效果如图 5.22 所示。

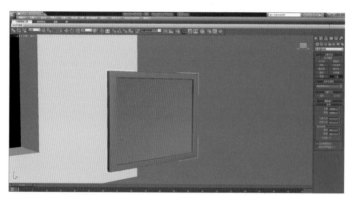

图 5.22　显示器模型效果（1）

显示器完成形态，效果如图 5.23 所示。

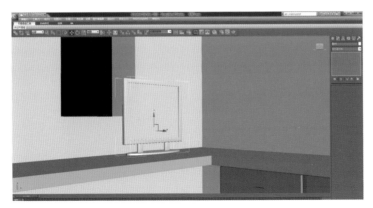

图 5.23 显示器模型效果（2）

（4）切换视图至顶视图，使用图形中的矩形来制作计算机椅，长度 450mm，宽度 450mm，效果如图 5.24 所示。

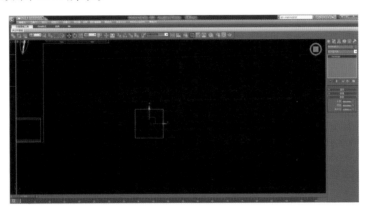

图 5.24 计算机椅模型效果（1）

将矩形转换为可编辑样条线，利用优化命令将其加两个点，如图 5.25 所示。

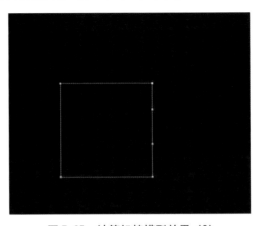

图 5.25 计算机椅模型效果（2）

调整样条线的形状，如图 5.26 所示。

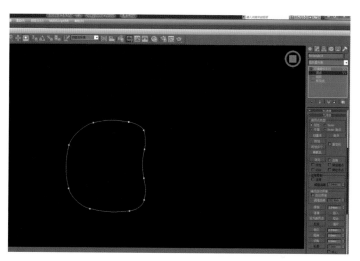

图 5.26　计算机椅模型效果（3）

为样条线添加挤出命令，如图 5.27 所示。

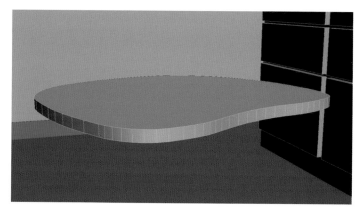

图 5.27　计算机椅模型效果（4）

将挤出后的模型转换为可编辑多边形，并且调整点，如图 5.28 所示。

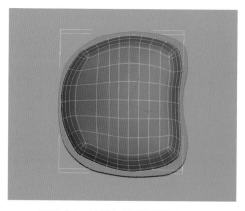

图 5.28　计算机椅模型效果（5）

调整完成后为其添加 FD3×3×3 的命令，并调整中间的点，如图 5.29 所示。

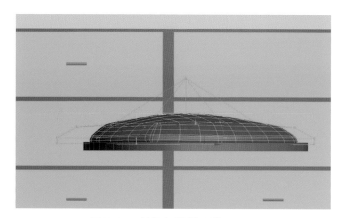

图 5.29　计算机椅模型效果（6）

坐板制作出来后，将其复制一个出来作为靠背，如图 5.30 所示。

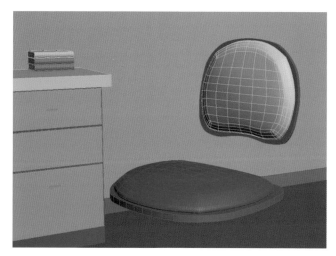

图 5.30　计算机椅模型效果（7）

用几何体里的扩展形体中的切角长方体和线来制作椅子的细节部分，如图 5.31 所示。

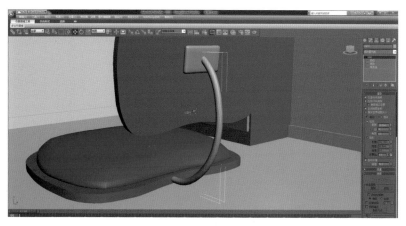

图 5.31　计算机椅模型效果（8）

配合 FD3×3×3 的命令，用几何体里的扩展形体中的切角长方体和线来制作椅子的细节部分，如图 5.32 所示。

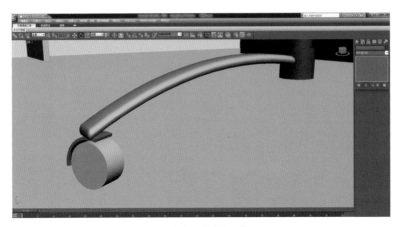

图 5.32　计算机椅模型效果（9）

计算机桌和计算机椅子完成后的效果，如图 5.33 所示。

图 5.33　计算机桌椅模型效果

（5）运用布尔运算来制作墙面上的装饰画，如图 5.34 所示。

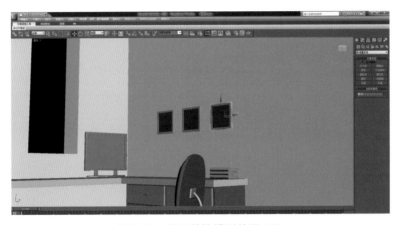

图 5.34　墙面装饰模型效果（1）

运用创建面板中的图形里的矩形，打开可渲染来制作墙面上的装饰，如图 5.35 所示。

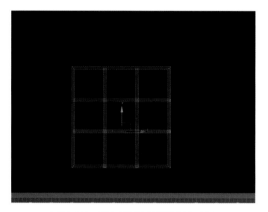

图 5.35　墙面装饰模型效果（2）

创建几何体中的平面来制作墙面装饰，如图 5.36 所示。

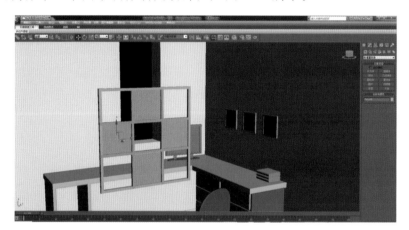

图 5.36　墙面装饰模型效果（3）

配合可编辑多边形命令来制作突出的部分，如图 5.37 所示。

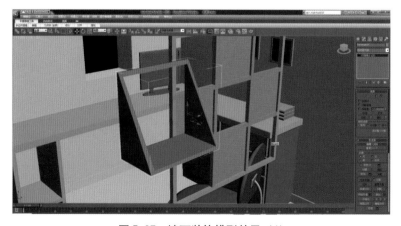

图 5.37　墙面装饰模型效果（4）

复制出多个，最后完成的效果，如图 5.38 所示。

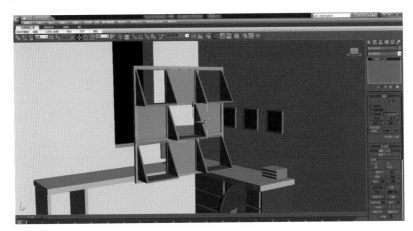

图 5.38　墙面装饰模型效果（5）

（6）床的制作。

运用几何体中的长方体来制作床，如图 5.39 所示。

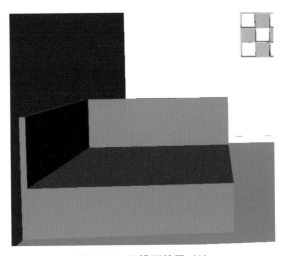

图 5.39　床模型效果（1）

运用动力学布料来制作床单，如图 5.40 所示。

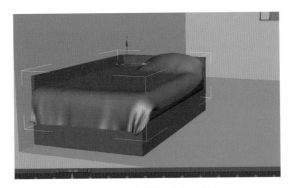

图 5.40　床模型效果（2）

（7）模型最终完成效果，如图 5.41 所示。

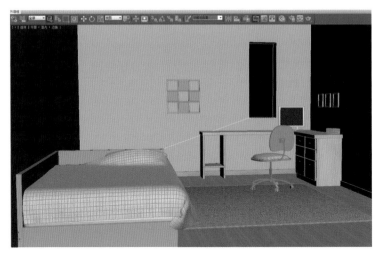

图 5.41 床模型效果（3）

## 5.2 材质制作

### 1. 墙体、地面及细部装饰构件材质制作

（1）按下 M 键，调出材质编辑器。在材质编辑器中选择一个空白材质球并使用 VRayMtl 材质类型，然后将材质指定给地面模型。调节漫反射颜色为白色，并为之指定贴图地毯 0027.jpg，然后将贴图以实例方式复制到凹凸贴图中，如图 5.42 所示。

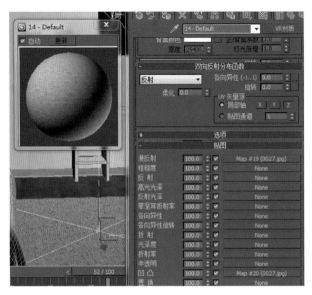

图 5.42 调节地毯材质

（2）在材质编辑器中选择一个空白材质球并使用 VRayMtl材质类型，然后将其指定给墙面模型，调节漫反射颜色为灰色，如图 5.43 所示。

图 5.43　调节墙面材质

（3）选择空白材质球并使用 VRayMtl材质类型，将其指定给木地板和踢脚线装饰。调节"高光光泽度"为"0.85"，"反射光泽度"为"0.83"，"细分"为"8"，"最大深度"为"5"。并在贴图中为漫反射贴图指定为 02.jpg，将"反射"改为"黑色"，如图 5.44 所示。

图 5.44　调节木地板材质

## 2．床材质制作

（1）选择空白材质球并使用 VRayMtl 材质类型，将其指定给床单。指定漫反射贴图为 0075.jpg，并将漫反射贴图复制到下面的凹凸栏内，并将"凹凸"值设置为"50"，如图 5.45 所示。

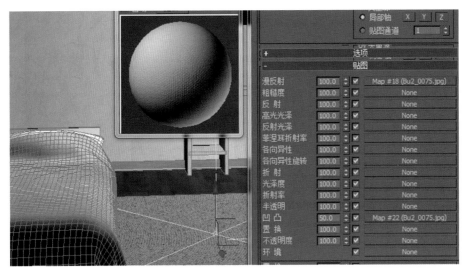

图 5.45 调节床单材质

（2）选择空白材质球并使用 VRayMtl 材质类型，将其指定给枕头。调节"漫反射"颜色为"白色"，"反射"为"黑色"，如图 5.46 所示。

图 5.46 调节枕头材质

（3）选择空白材质球并使用 VRayMtl 材质类型，将其指定给床架和计算机椅。调节"漫反射"颜色为"绿色"。"反射"为"深灰色"，并调节"高光光泽度"为"0.6"，"反射光泽度"为"0.8"，"细分"为"8"，"最大深度"为"5"。效果如图 5.47 所示。

图 5.47　调节床架和计算机椅材质

### 3．计算机桌模型材质制作

（1）选择空白材质球并使用 VRayMtl 材质类型，将其指定给计算机桌。调节"漫反射"贴图为 01.jpg，"高光光泽度"为"0.8"，"反射光泽度"为"1.0"，"细分"值为"12"，如图 5.48 所示。

图 5.48　调节计算机桌材质

（2）选择空白材质球并使用 VRayMtl 材质类型，将其指定给计算机椅腿部分。调节"漫反射"颜色为"灰色"，"高光光泽度"为"1.0"，"反射光泽度"为"1.0"，"细分"值为"8"，"最大深度"为"5"。效果如图 5.49 所示。

图 5.49　调节计算机椅材质

## 5.3　灯光设置

（1）在创建面板的灯光中选择 VRay灯光类型，如图 5.50 所示。

图 5.50　创建 VRay 灯光类型

（2）在顶视图创建出 VRay灯光，长度：1400mm，宽度：1100mm，并将倍增值调节到"3.0"，颜色调节成"淡黄色"。温度调整为"6500"。然后将灯光由下至上镜像复制出一个，再复制一个从窗户照射进室内。一共 3 盏 VRay灯光，如图 5.51 所示。

图 5.51　创建 VRay 灯光类型

# 5.4　渲染设置并出图

将渲染设置调到摄像机视图，并将时间输出设置为单帧，自定义画面分辨率调整为 800mm×600mm，将 V-RAY 开成产品级，并将渲染视图调整为摄像机视图。然后可以开始渲染出图，如图 5.52 所示。

图 5.52　创建 VRay 灯光类型

最后渲染效果如图 5.53 所示。

图 5.53　创建 VRay 灯光类型

## 本章小结

效果图中的建模是我们每个人都要面临的制作问题。什么是真正意义的场景建模，在这个圈子里相当多的制作者还未曾感悟到。

我总结有下面几点对建模的质量要求：

（1）严格遵守对齐原则。对齐有两种：一种是捕捉对齐；另一种是用对齐工具，捕捉对齐时要用 2.5 维捕捉，这样可防止对齐的错误出现。

（2）能用二维建模的尽量不用三维建模（poly 建模除外，因为它是个很好用的另一种建模方法）。这样可以随时修改，便于操作。

（3）从学习的开始就要养成这种专业习惯，以后就会感觉非常轻松，不好的专业习惯必须克服。

## 实训题

制作一个简约的儿童房（图 5.54），以下图片作为参考图片，图片中的模型较实例中模型稍复杂一些，但制作方法并没有变化，希望同学们多加练习，将学到的知识举一反三，完成这张效果图的制作。

图 5.54　儿童房设计

# 参 考 文 献

[1] 彭超．3ds Max/VRay 室内效果图设计经典案例制作解析．北京：中国电力出版社，2008．

[2] 韩良 ．3ds Max室内装饰效果图制作．北京：高等教育出版社，2008．

[3] 王晓光．3ds Max/VRay室内效果图渲染技法精粹．北京：科学出版社，2009．

[4] 肖新华，颜文明．3ds Max 室内设计效果图实训．武汉：华中科技大学出版社，2011．

[5] 陈志民．中文版3ds Max /VRay室内装饰效果图设计经典教程．北京：机械工业出版社，2011．